·我的数学第一名系列·

为了登上月球

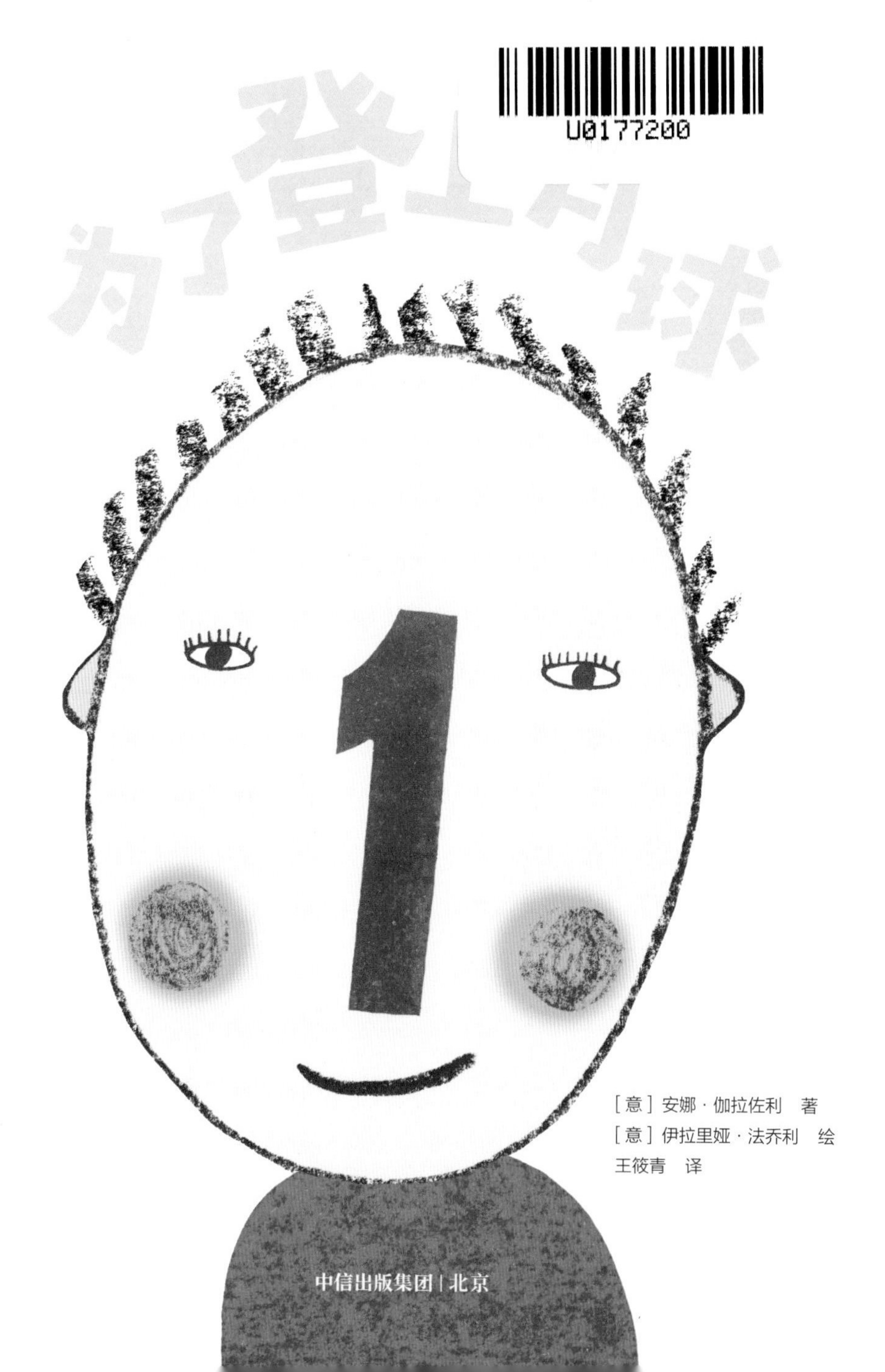

[意] 安娜·伽拉佐利 著
[意] 伊拉里娅·法乔利 绘
王筱青 译

中信出版集团 | 北京

图书在版编目（CIP）数据

为了登上月球 / (意) 安娜·伽拉佐利著 ; (意) 伊拉里娅·法乔利绘 ; 王筱青译. -- 北京 : 中信出版社, 2020.7（2023.4重印）
（我的数学第一名系列）
ISBN 978-7-5217-1788-4

Ⅰ. ①为… Ⅱ. ①安… ②伊… ③王… Ⅲ. ①数学－儿童读物 Ⅳ. ①O1-49

中国版本图书馆CIP数据核字(2020)第064941号

为了登上月球
（我的数学第一名系列）

著　　者：［意］安娜·伽拉佐利
绘　　者：［意］伊拉里娅·法乔利
译　　者：王筱青
出版发行：中信出版集团股份有限公司
（北京市朝阳区惠新东街甲 4 号富盛大厦 2 座　邮编　100029）
承 印 者：天津海顺印业包装有限公司

开　　本：889mm × 1194mm　1/24　　印　　张：6　　字　　数：120千字
版　　次：2020年7月第1版　　印　　次：2023年4月第13次印刷
京权图字：01-2020-0163
书　　号：ISBN 978-7-5217-1788-4
定　　价：165.00元（全5册）

出　　品：中信儿童书店
图书策划：如果童书
策划编辑：安虹　　责任编辑：房阳　　营销编辑：张远
装帧设计：李然　　内文排版：思颖

谨以此书献给艾尔马诺

目录

我是如何学好数学的

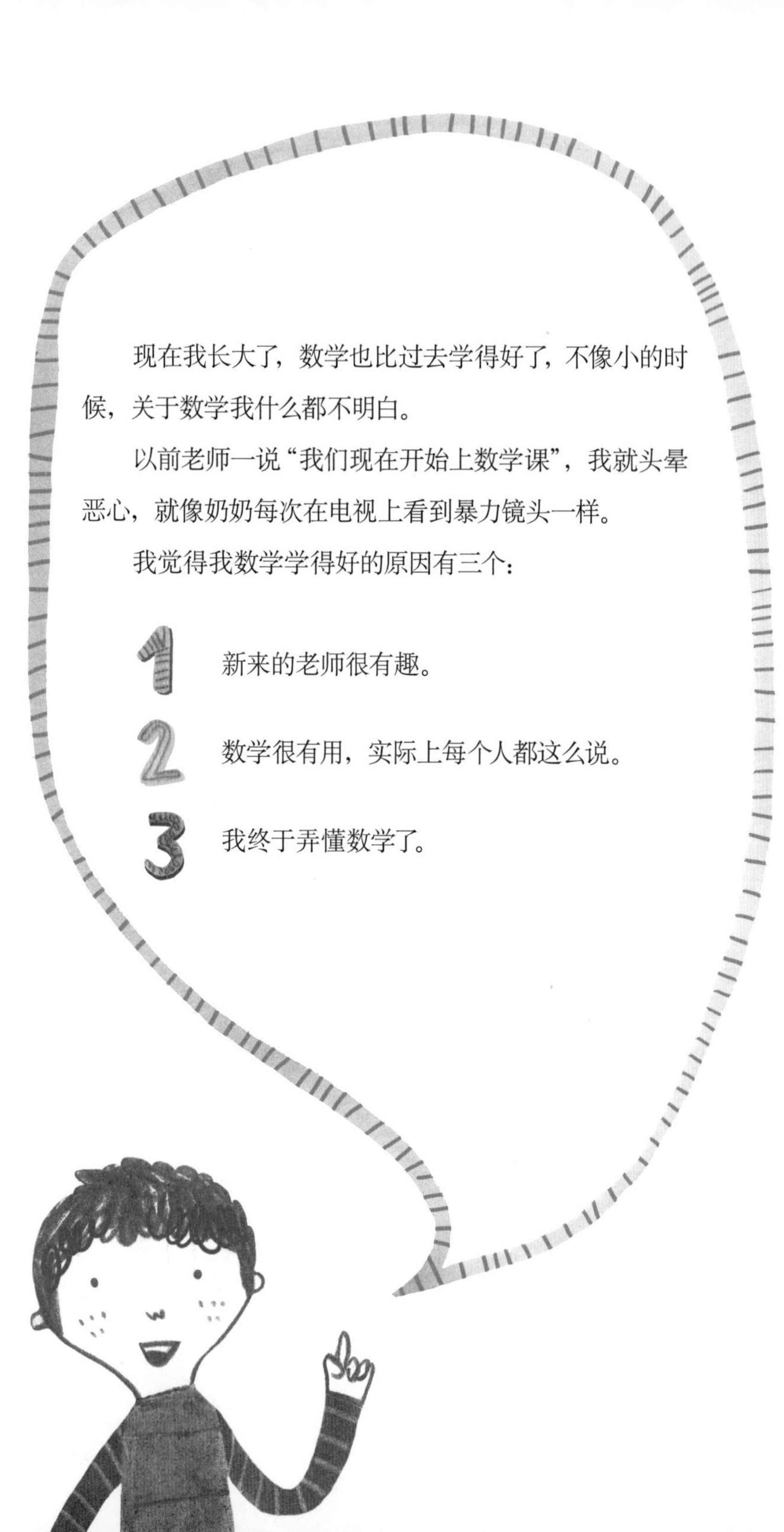
现在我长大了，数学也比过去学得好了，不像小的时候，关于数学我什么都不明白。
以前老师一说“我们现在开始上数学课”，我就头晕恶心，就像奶奶每次在电视上看到暴力镜头一样。
我觉得我数学学得好的原因有三个：
1 新来的老师很有趣。
2 数学很有用，实际上每个人都这么说。
3 我终于弄懂数学了。

第一个原因

去年教我们的那个老师，总是喜欢让我们比赛，看谁能最先算出答案。为了能算得快一些，我就没有那么仔细，结果老是出错。我会把数字搞混，比如把 6 和 9 搞混，把 2 和 5 搞混；有时还会把数字的顺序弄错，比如把 32 写成 23（现在我不会再这样了）。所以老师总是很生气，会批评我，我呢，就很不高兴，然后就更是什么都听不明白了。

还不仅仅是这样。还有贾科莫，每次他第一个完成后，总是很无聊地等着其他人做完。他会合上本子，抱着胳膊，然后盯着老师看。这样我就更紧张了，犯的错也更多了。

新老师不喜欢搞比赛，她说每个人学习知识都有自己的步调。

“注意过树上的叶子吗？有的先长出来，有的后长出来。你们也一样。好的比赛是跟自己比，看看自己是不是每天都比前一天有进步。”

新老师也很懂得怎样和小朋友相处。在她讲那些可怜的原始人的故事时，我们都安静地听着，一点也不吵闹。那些原始人虽然什么都没有，却从来不会气馁，坚持不懈地发明新的东西。有一天，她给我们看了一张五千年前的驯鹿骨头的照片，骨头上有原始人刻下的很多印记。

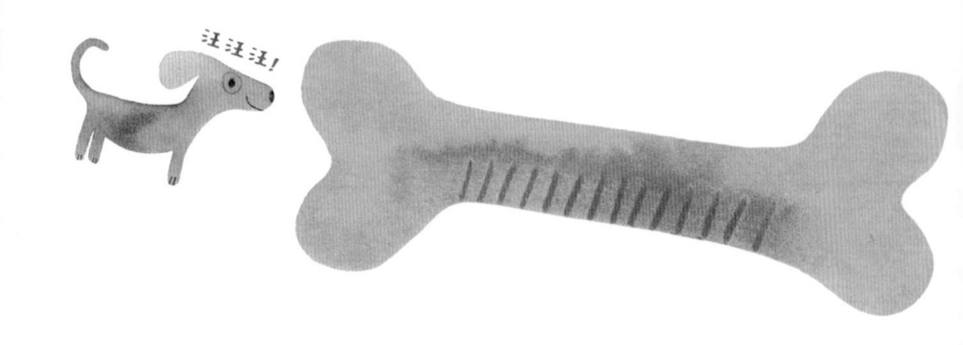

原始人为什么要在上面刻上这些印记呢?

我们假设一个原始人看到了一群在湖边喝水的动物，他想把这件事告诉朋友，大家好一起去打猎。但他不知道怎么数数，因为那时数字还没有发明出来，于是他每看到一只动物就做一个标记，然后把这些标记拿去给朋友看。

朋友看到这么多标记后，可能会对他说：“动物太多了，只有咱们两个可不行，叫上托尔一起去吧。”（托尔也是他们的朋友。）

看来，这些印记是用来记数的。

这时，老师从她的包里拿出了电脑上用的 U 盘。

她说：“你们看到这个小东西了吗? 它其实是那块骨头的孙子的孙子的孙子……也就是它的后代。U 盘跟那块骨头一样，也是用来储存数字的，只不过它能存特别特别多的东西。你们想想看，它能够储存 20 多亿个字符，差不多相当于 2000 本书! 没错，它的容量有 2G。”

我们想象着那个在骨头上做记号的原始人，看到这样一个 U 盘，会不会惊讶得说不出话来?

老师接着说：

“你们觉得怎么样？这个故事不错吧！现在，你们要继续努力，努力学习，搞出更新奇的发明创造。”

听了这些，我非常激动，我决定要努力学习，不辜负老师的期望。

（今年，贾科莫不再来学校跟我们一起学习了，因为他搬到市里去了。我有点舍不得他……不过，算数的时候我就可以不用再那么紧张了。）

第二个原因

无论你是出门在外还是在家里待着，甚至在跟朋友说话或买东西时，都需要用到数学。做作业的时候，就更需要用到数学了。老师为了让我们明白这一点，对我们说："你们随身准备一张纸和一支笔，遇到什么跟数学有关的事，就拿出纸和笔把它记下来。你们要把一天里遇到的所有和数学有关的事都记下来，从早上醒来一直到晚上睡觉。要是梦里也梦到了，就第二天早上再把它写下来。"除了这个作业，她没有再给我们留别的。

我们开始四处寻找跟数学有关的事情，找得不亦乐乎！我以为我列出的单子比别人的都要长，结果最后赢的却是马蒂亚。

马蒂亚把冰箱里温度旋钮上的数字都写了进去，就是1、2、3、4、5和6。

5
274
16
3
2
1
0
1
2
3
+
-
65
薄片饼干
130
卡路里
250g

但是老师却说：

“你们只是把数字记了下来。数学可不仅是数字！大家再找找看吧。”

我们想到了几何图形，于是又重新四处寻找。

我记下了圆形的比萨、长方形的窗子、正方形的窗子、三角形的标志牌……

最后赢的还是马蒂亚，因为他还写上了人行道和铁轨，它们都是平行的线。

太可惜了，本来我可以赢的，我还把花园里的椭圆形花坛画上了……

但老师还是不满意，她说：

“数学可不仅仅是数字和图形！”

“那到底还有什么？”我们问道。

她给我们出了道题：“卡洛特的儿子的爸爸是谁？”

我们面面相觑，因为谁都不认识卡洛特。

我想得头都快要爆炸了，突然我想明白了：“老师，卡洛特的儿子的爸爸不就是卡洛特吗！”

“很好！”她说，“你明白了数学的含义，这就是数学。”

“啊？”我们十分疑惑。

“不相信吗？那我换个问题：10 的一半的 2 倍是几？”

她说得对，10 的一半的 2 倍就是 10！这个问题跟“卡洛特的儿子的爸爸是谁”是一样的！

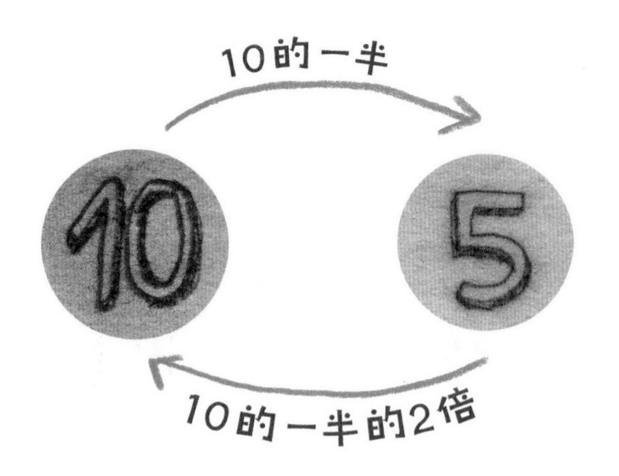

我喜欢数学的另外一个原因，就是有些小窍门可以帮助我们进行心算。

比如，我要算13+5+7，我可以把7移到13旁边，也就是：

13 + 7 + 5

13加7正好是20，这样计算就很简单了。

然后再算：

20 + 5 = 25

总之，我总会试着把它们凑成整十的数，这样算不仅速度快还不容易出错。

老师说，在加法里数字可以这么移动，因为做加法就像是煮蔬菜汤，是先放土豆还是先放胡萝卜都无关紧要。

而在做除法的时候，你就不能随便给数字换位置了。因为做除法就像做甜甜圈，你必须要先放酵母，制作的顺序不能随便改变。

第三个原因

老师讲的内容，我都听明白了。如果有不能马上理解的，我就会提出来，而老师会特别耐心地解答；有时我也会去问同学。

所以，所有的作业我都会做。

我还知道了好多事情，有些很有趣。

比如，我们觉得自己是先进的现代人，认为所有的东西都是我们发明的。事实并非如此。比如写 2 或者 3 时，我们所做的事情其实跟原始人一样，因为 2 就像是画两道记号时画得很快的连笔。

而 3 就像画三道记号的连笔。

只有显示屏上的电子数字算是真正的现代发明。这些数字叫作七段数字，因为它们是由 7 个可发光的线段组成的，这 7 个线段可以组成从 0 到 9 的任何数字——只要让对应的线段发光。

比如，5 是这样的：

老师一讲完，我们就开始画了起来，把0—9都表示了出来。而这些数字又可以继续组成任何你想要的数字。

辉煌不再的罗马数字

对古代罗马人来说，有两件非常不好的事情。第一件是罗马帝国的灭亡。老师给我们讲的时候，我觉得十分难过。这样的事情不应该发生在罗马帝国身上。它曾经那么伟大，那么重要，那么辽阔……后来却毁灭了。再也没有人会说“多么伟大的国家！”了。第二件就是他们发明的那些数字，那些所谓的罗马数字，现在已经几乎不再使用了。现在它们主要用在教皇的名字和街道的名字上，不怎么用来记数了（见下页的街区示意图）。其实，罗马数字也是在“做记号”，只不过是竖着做而已。

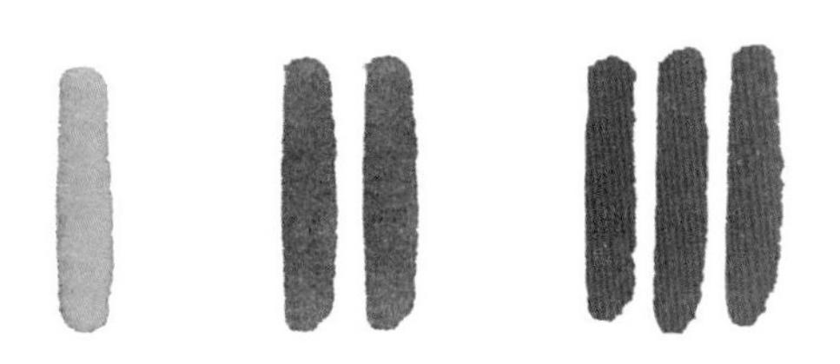

再来说说数字 4 和数字 5。

老师告诉我们，罗马人的 5（V）代表五根手指，所以它跟五指张开时的手掌形状一样，而 10（X）就是把两只手上下颠倒摆在一起。

这是因为古代人刚开始计算的时候也会使用手指，就跟小朋友一样。而我们现在多是心算或用计算器算。

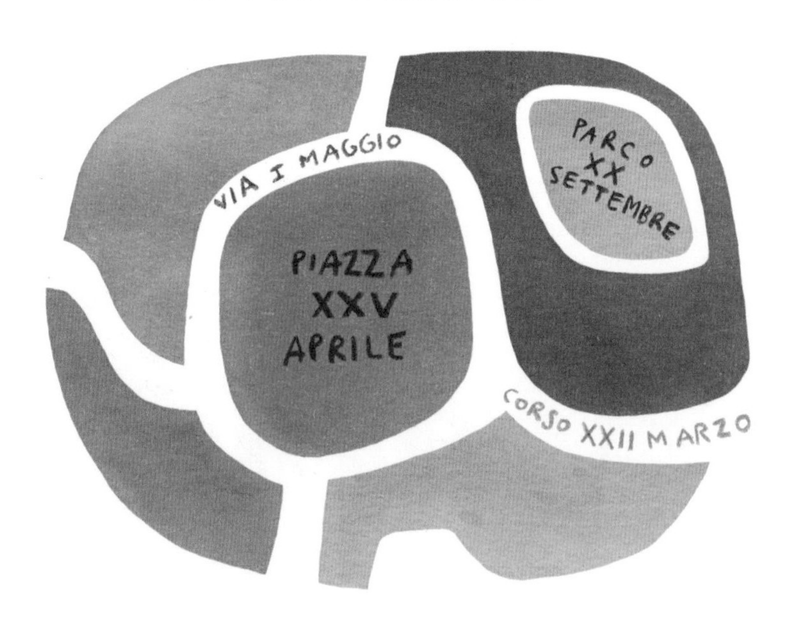

堆成小山的石子

原始人在记数时，除了使用记号，还会使用石子。比如，一个人借给另一个人八张狼皮，他就会在棚屋的角落里堆上八个石子。他们没有办法像我们现在一样，在记事本上写上8，因为那时候还没有发明数字，也没有纸和笔（我还想到一个原因，就是石子很容易找到，因为那时的路都不是用沥青铺成的）。

如果有一天他的朋友还了他两张狼皮，那么他就从那一堆石子中拿掉两个，再还就再拿掉，直到角落里一个石子也不剩。这样一来他们就能和平相处了，而不会拿着棍子打起来。

幸运的是，到了后来，原始人变得不再那么“原始”了。

老师跟我们说，就和现在似的，自从电脑发明之后，我们的生活就变了样。而在那时，自从原始人开始种地、饲养动物，他们的生活也变了样（虽然这其实很简单，可他们之前没有想到）！

人们开始种地、饲养羊或其他动物，接着开始搭牲畜棚，建造房屋和储藏用的仓库。

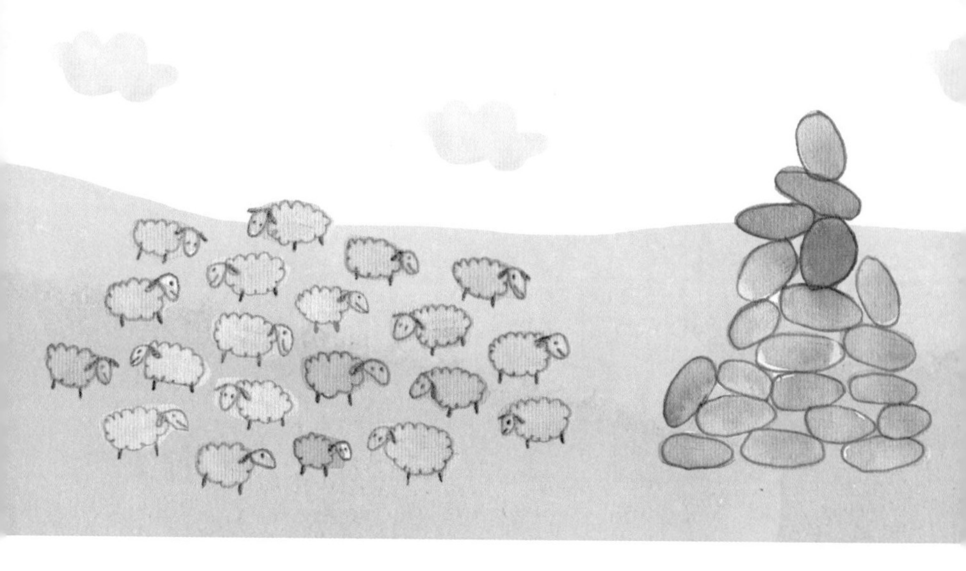

于是，需要记数的东西越来越多，石子也从一小堆变成了一座小山。所以，他们不得不发明数字。

啊，我差点忘了！老师告诉我们，人们之所以能推断出原始人用石子记数的事，是因为我们现在说的计算（calcolo）这个词源于拉丁语，它在拉丁语里就是小石子的意思。我的叔叔得过肾结石，我知道“结石”就是calcolo，不过后来医生用激光把结石打掉了。

另一个我很喜欢的小窍门是关于 9 的加法的。

当我想把一个数字跟 9 相加时，比如：

33＋9

我会把 9 加上 1 变成 10，再跟那个数字相加，也就是：

33＋10＝43

但是，要记得马上把多加的 1 减掉：

43－1＝42

厉害的印度人

想想看，我们应该怎么做，脚下的石子才不会堆成小山？最后是印度人想出了一个好办法。

他们的办法是这样的。假设一个牧羊人有 143 只绵羊，那么

他应该有 143 个石子。他每数出 10 个石子，就把它们换成一块大一点的石头。

最后，他一共有 14 块大石头和 3 个小石子，那 3 个小石子因为不到 10 个，所以没办法换成大石头。

这样石子的个数就减少了很多，但他并不满意。他想把它们再减少一点，于是又数出 10 块大石头，把它们换成了一块更大的。

"用这种方式，只需要 8 块石头，就可以记清楚这个牧羊人养的羊的数量了。"老师非常高兴地说道。

马尔科和大卫却一直哈哈大笑，笑得停不下来，连话都说不出来了。最后，他们终于平静下来，解释说，他们笑是因为他们想到，如果有人路过牧羊人的家，被那些石头砸到头，就可能会跟牧羊人大吵一架！

没错，他们发明了数字

老师告诉我们，那些古代印度牧羊人肯定会因为石头吵架，却不是因为马尔科和大卫说的理由。他们吵架的原因在于，一块石头，到底该有多么大才能代表 10，该有多么小才能代表 1。他们始终不能统一意见。

于是他们想出了一个特别好的办法。他们把石子全部弄成大小一样的。为了区分它们代表的是 1、10 还是 100，他们拿来一块板子，把它分成三个部分，然后把代表 1 的石子放在最右边，把代表 10 的石子放在中间，把代表 100 的石子放在最左边。当有成百上千或更多石子的时候，他们就会拿来一块更大的板子。啊，我忘记说了，那块板子叫作算板。

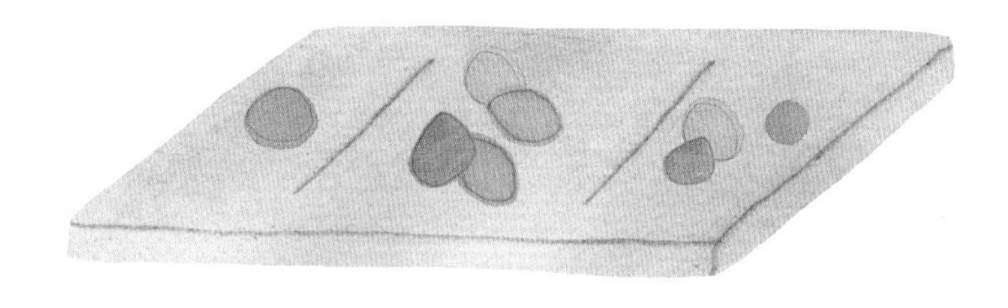

（我们也做了一个算板，不过它的样子有点不一样，它有很多档，还用穿孔的珠子代替石子。）

在发明算板之后，为了不用总把它随身带着，印度人发明了数字。

为了把数字写下来，他们发明了 10 个符号——0，1，2，3，4，5，6，7，8，9。它们叫作数字，用来记录算板上的每个区域内有多少个石子。

把它们组合在一起就构成了一个具体的数字，比如 3121。

在算板上，石子所在的位置非常重要。同样，在一个数字里，每个数字所在的数位也很重要。比如，1 如果在个位上，就代表 1；如果在百位上，就代表 100。

“明白了吗？”老师对我们说，“这是一个关于位置的问题……也是关于手指的问题，这就是为什么只有10个数字符号！这件事听起来也许很奇怪，但是假如我们只有 8 根手指，那我

们发明的数字可能也会跟现在大不相同。”

有了这项发明之后很多年，有一天，一些印度人来到了阿拉伯帝国的首都巴格达。

为了给国君哈里发留下一个好印象，他们呈上一本厚厚的书作为礼物。这本书里写了什么呢？全都是关于他们发明的数字的。

哈里发马上叫来了他的子民，说：“你们不要再无所事事了，好好学习这些数字吧，这样你们就会更加善于计算，你们的生意也会变得更好。”而事实也确实如此。

很多阿拉伯人都是商人，他们必须算得又快又准，有了这些印度的数字后，他们算起数来更厉害了。

后来，阿拉伯人又把这些数字教给了欧洲人。这就是我们为什么管它们叫阿拉伯数字。

在我们的教室里，有一个很漂亮的布告栏，上面画着一条长长的线，线上方按照从小到大的顺序，一个接一个地写着这些数字。

0 1 2 3 4 5 6 7 8 9 10 11 12 13 14 15……

自然数的数轴

老师告诉我们，这个是自然数的数轴。数轴会一直延伸下去，穿过布告栏的边界，穿过教室的墙壁，穿过学校的花园……就这么一直延伸下去，没有尽头。

这个小窍门会告诉你，如何快速心算 11 与其他数字相加或相减。

相加时，你先给这个数字加上 10，这很简单，然后再给它加上 1。

而如果你要减去 11，你可以先减去 10，然后再减去 1。

最大的数字

马尔科总是不停地问问题，这时候他又问道：“老师，那你知道哪个数字最大吗？”

老师给我们讲了一个她从一本书上看到的故事。

一个小朋友跟爸爸参加了一场比赛，比谁说出的数字大。第一名参赛者说：“1 万！”第二名参赛者马上说：“10 万！”又有一名参赛者说：“100 万！”而另外一人觉得自己一定能赢，他说：“10 亿！”然后，有个自认为最聪明的人说：“100 亿亿！”这时，一个特别自负的先生跳上比赛台，深吸一口气，说道：“10 亿亿亿亿亿亿亿……亿亿……”他几乎不换气，都快要晕过去了，可他还在说“亿”，后来他就真的晕了过去。

所有人都给他鼓掌叫好："太棒了！太棒了！"但意想不到的是，人们刚刚平静下来，那个小朋友跳了出来，只说了两个字："加 1！"所有人都惊讶得合不拢嘴。我不知道自己记的是不是跟老师讲的完全一样，但我敢肯定，你永远都不可能说出最大的数字是几，因为无论你说出一个多么大的数字，只要给它加上一个小小的 1，那个巨大的数字就不再是最大的了。所以，数字是无穷无尽的，根本不存在最大的数字。

我知道一个特别特别大的数字，尽管它不是最大的。这个数字叫古戈尔（googol），是在 1 的后面有 100 个 0。它真的特别大，比宇宙里所有原子的数量加起来都大！

我从一份报纸上读到，那两个发明谷歌搜索引擎的人，一开始想给它起名叫古戈尔，结果他们把名字拼错了，就变成谷歌（Google）了。

只需要32个词

我特别喜欢的与数字有关的一件事，是老师告诉我们的。

“你们看到我们身边有多少事物了吗？它们每一个都不同，所以有不同的名称，加起来有成千上万个。只要看看词典就知道了！现在，我们看一下从零到十亿这些数字。它们的个数特别多，一共是十亿零一个，而且每个都不一样。而要拼出它们的名称，其实只需要32个词[①]。试着把它们写出来吧。”

于是，我们试着把它们写出来，但是写得乱七八糟。最后在老师的帮助下，我们列出了一个清单，就是你们看到的右边这个。

看起来好像很不可思议，但事实就是这样。只需要几个简单的词，就可以组成像繁星一样多的数字的名称，甚至更多！因为你还可以用这些词从十亿以后一直数下去。

这样我们就会明白，为什么罗马数字没办法跟我们现在的数字相比。我们现在的数字可比罗马数字强多了！

但是，欧洲人第一次见到这些数字的时候，却完全不想学，而

① 这里是指意大利语，如使用中文则只需要15个字，即零、一、二、三、四、五、六、七、八、九、十、百、千、万、亿，在右边的图中一一用＊标注。——译者注

是想继续使用罗马数字，就像曾经有很多人不想学电脑一样。

对我们来说，这些数字很简单，马上就可以学会，但是在那时，它们却显得特别复杂。老师告诉我们，“加密”(cifrato)这个词就源自阿拉伯语的“数字”（cipher）一词，意思是“神秘的、保密的”，这就说明在那个时候，阿拉伯数字对他们来说显得十分神秘。

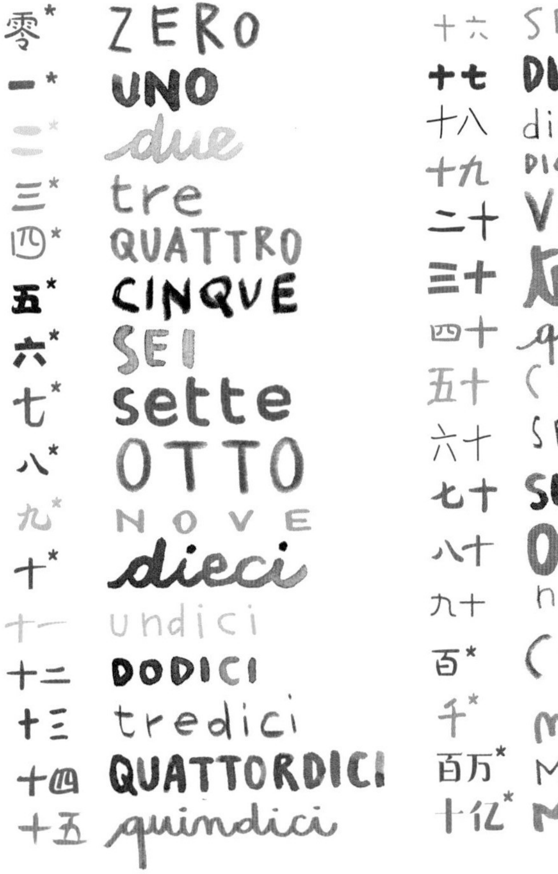

为了登上月球

我以前从来没有想过，如果没有现在这些数字，人类就无法登上月球！我们也不可能乘坐火车和飞机，也不会有汽车、摩天大楼、电脑或者 PS 游戏机。

这些事物是经过科学家们很多工作量庞大的计算工作，才得以诞生的。而如果使用罗马数字，他们根本没办法做任何计算！

罗马数字连数字的大小都很难分清。比如 CCCXXXVIII，虽然看起来很长，感觉好像是个很大的数字，但其实它只表示 338。

而写起来比它短很多的M，代表的其实是1000。

用我们现在的数字就不会有这个问题，基本上数字越长也就越大，所以只要看一眼就能比较出它们的大小。

不过要小心，很多东西都标价999欧元，但其实它只比1000欧元少1欧元而已。

这个小窍门是比安卡教我的，她是我们班数学学得最好的，无论算什么都用心算。

这个小窍门就是“凑十法”。用这个方法计算时，你要在离得最近的整十数那里停一下，稍微休息休息。

如果你要计算：

15 + 7

你要先给15加上个数字凑成20，因为20是离15最近的整十数，所以你要给它加上5。

然后你再给它加上剩余的2。

这样，你总共加上的还是7。用这种凑十法，计算起来就简单多了。

小鸡吃麦粒

我一直以为，只有在两个人平分东西的时候，才需要知道一个数字是不是偶数。比如你跟一个朋友分糖果，如果糖果的个数是偶数，你们就可以平均分，而不会因分配不均吵架。

这点我一直都知道。但是今天，老师给我们举了一个特别的例子。

下面的迷宫图里有两只小鸡，迷宫外有一颗麦粒。仔细观察一下，根据是否可以找到偶数，就能明白只有一只小鸡可以吃到麦粒。

要弄明白这一点，只需要在每只小鸡和麦粒之间画一条连线。

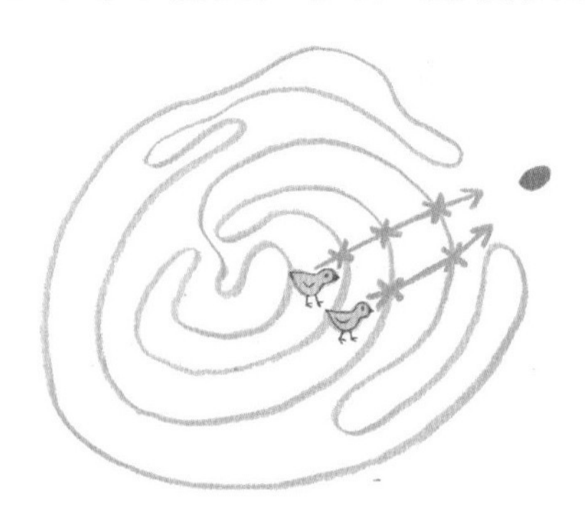

这样做会发现什么呢？我们会发现，下面的那只小鸡可以吃到麦粒！为什么呢？因为它和麦粒之间的连线与迷宫相交了 2 次，而 2 这个数字是偶数。

这就说明，虽然它好像是困在迷宫里，但其实并不是。因为要从迷宫里出去，它先要进去，然后再出去。而另一只小鸡，这个小倒霉蛋，它是真的被困在迷宫里了。如果想要出去，它就得穿过迷宫 3 次，而 3 这个数是奇数：它先要出去，再进去，最后再出去。

最有意思的是，无论选择从哪个位置穿出去，结果都是一样的！

看起来被困在里面而实际上却在外面的小鸡，它穿越迷宫的次数总是偶数；而真正被困在里面的那只，它穿越的次数一定会是奇数。你可以试试！

一个没有钉子和锤子的木匠

数字很重要，但是只有数字却没什么用，还需要运算。

老师这么对我们说：

“你们想象一下，有一个木匠，他有很多木头，却没有锯子，没有锤子，没有钉子……这就跟只有数字却没有运算的数学一样！正如木匠用木头做出桌子、椅子还有其他东西，数学家用数字创造出解决问题的方法。但是他们也需要用到工具，而运算正是他们的工具。”

人们觉得运算一共有四种：加、减、乘、除。其实他们错了。

这些只是最常用的。

还有好多其他的运算，我们每个人都可以发明出一种来。

木匠需要十分了解他们的工具，知道什么时候用，怎么用。同样，我们也要十分了解运算。

最重要的是，当我们遇到问题的时候，应该仔仔细细读清楚题目。不要像马尔科那样，拿题目里的数字去尝试进行所有的运算，直到得到的结果跟书上的答案相同为止。

今天，我们被一道题蒙住了。题目是这样的：

在一个聚会上一共有 11 个小朋友，其中有 4 个穿了白裤子，5 个穿了白衬衫。问：一共有几个小朋友身上至少有一件白色的衣服？

我们想都没想就做了加法，给出答案“9”。可这个答案是错的。

当时老师的脸色可真不好看！

于是她给我们画了下面这幅图。

这让我们明白了“至少”这个词的重要性，因为如果不知道有几个小朋友既穿了白裤子又穿了白衬衫，你就无法回答这个问题。而一旦知道一共有 2 个这样的小朋友，你就可以得出答案：7。[①]

① 要注意，这里所画的只是其中一种情况。既穿了白裤子又穿了白衬衫的小朋友可以有 1 到 4 个，对应的答案分别是 8、7、6、5，即满足本题目要求的最少的情况是 5 个。——编者注

教学郊游

这种把聚会上的小朋友按某种共同特征圈在一起的表示方法，叫作集合。

它可以用来帮助我们更好地理解问题，尤其是当问题中含有“至少”“或者”“而且”“还有”“不”这样的词的时候。

用我们郊游的例子就可以解释得很明白——其实很简单的!

我们住的旅馆里既有游泳池又有体育馆。

老师让我们在门口集合，然后说：“会游泳而且带了泳衣的同学去游泳池。”

所以，马尔塔、比安卡、大卫和我一起去了游泳池。卡洛没有跟我们一起去，因为他忘记带泳衣了，而贝亚特丽切虽然有泳衣，但她不会游泳，所以也没有来。

然后，老师又组织同学们去体育馆。

“会打排球或者篮球的同学去体育馆。”

因为体育馆里正在进行这两项运动。

所以，去体育馆的人是费德丽卡、基娅拉、马尔科、伊雷妮和保罗。

旅馆大堂里最后只剩下卡洛、贝亚特丽切、卢卡和马蒂亚，他们都很累。老师说：“不需要休息的人可以跟我一起到花园里玩。”

卡洛和贝亚特丽切跟老师一起去花园里玩，而卢卡和马蒂亚回房间休息去了。

后来，谁都找不到卢卡和马蒂亚了，老师急坏了。其实他们一直都在房间里睡觉，他们真的累坏了——就在我们参观公园的时候，他们一直在追跑打闹，一点都没听关于蘑菇的讲解。

这次郊游成了一次教学郊游，它让我们弄懂了很多知识。

打赌

我很喜欢数学还有一个原因：当你跟朋友在一起的时候，你可以给他讲很多很有意思的事，他一定会惊讶得合不拢嘴。

比如：有一把椅子一直在摇晃，因为其中的一条腿比其他的要短。你可以拿一张纸，把它对折再对折，然后垫到短的那条椅子腿下面。

要是纸的厚度不够，你还可以继续对折。假如你一分心，把纸对折了20次[1]，你觉得现在纸的厚度是多少呢？

说出来简直没人相信，因为这件事听起来真的太不可思议了——如果计算一下你会发现，把纸对折20次后，它有一座摩天大楼那么高！

老师向我们保证，迟早我们会学会怎么计算它。

① 理论上一张纸可对折20次，甚至更多次。但由于纸张大小、厚度等因素的限制，实际上折不了这么多次。——编者注

这个小诀窍也叫凑十，不过是做减法的时候用的。这也是比安卡告诉我们的。

谁知道她是怎么想出来的，没准因为她总和爸爸妈妈去爬山，所以知道应该什么时候停下来。

比如你要心算：

34－7

你可以先用 34 减 4，这样你就可以得到排在 34 之前的小于它的那个整十数，也就是 30。

然后再减去剩下的 3。

这样合起来仍旧等于减去了 7，算起来也不会太费劲。

绣着首字母的T恤衫

我们去看了九十九眼喷泉[1]，大家玩得很开心。我们不仅数了喷泉的个数，还互相泼水打水仗。在那里的广场上，有一个卖 T 恤衫的先生，他可以把买家名字的首字母绣在 T 恤上。他是当着我们的面，用一部电动缝纫机当场绣的。

① 这是一处位于意大利拉奎拉的遗迹，由 99 眼喷泉组成。——译者注

回到学校后，老师对我们说：“你们注意到那位绣字母的先生了吗？有时他会不间断地一口气从头绣到尾，有时他会停下来，把线剪断，再从另一个地方开始绣。”

只有贝亚特丽切注意到了，因为她最爱美了，所以那位先生绣的时候，她一直在旁边守着，看他绣得够不够完美。

贝亚特丽切说 B 这个字母可以不间断地一口气绣完，而绣字母 A 的时候就要停下来，再绣中间的那道小横线。

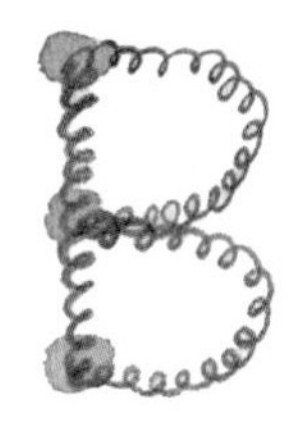
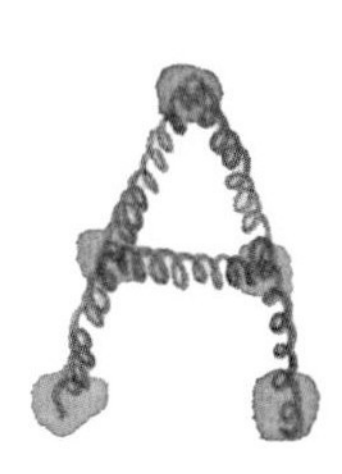

这听起来很奇怪，可也跟数学有关。老师是这么告诉我们的：实际上，我们可以提前知道，一个字母是否能不间断地绣下来。

我们有点不相信，马尔科问道：“这是怎么做到的？”

“每一条线，都会有两个端点，这两个端点还可以连其他线。字母 B 有 3 个端点：最下面的端点连着 2 条线，中间的端点连着 4 条线，而最上面的端点也连着 2 条线。因为数字 2、4、2 都是偶数，所以绣字母 B 的时候可以不间断地一口气绣完。这可是个秘密！”

其实这一点都不奇怪，我明白它完全可以说得通。当你沿一条线绣到一个端点的时候，如果想从这个端点离开，为了不重复之前的路线，你就必须从这个端点出发再绣第二条线。当你再一次回到这个端点时，要从这个端点离开，你肯定还得绣另外一条线。总之，进出一个端点，又不想重复之前的路线，线条的数量就必须是偶数。

为了确认这个想法是否正确，我数了一下字母 A 的端点和线。它最上面的端点连着 2 条线，这没有任何问题；中间的 2 个端点，分别连着 3 条线，而 3 是奇数；最下面的 2 个端点，只分别连着 1 条线，而 1 也是奇数。所以，这就是为什么 A 不能一口气连着绣下来。

马蒂亚试着数了一下字母 F 的端点和线。F 也不能一口气绣下来，因为它只有一个偶数点，其余的都是奇数点。（连着偶数条线的端点叫偶数点，反之叫奇数点。）

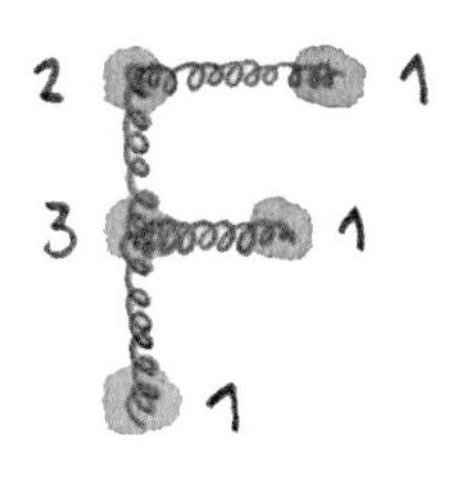

大卫也试了试。他发现，虽然 M 有两个奇数点，却可以不间断绣下来。这是怎么回事呢？

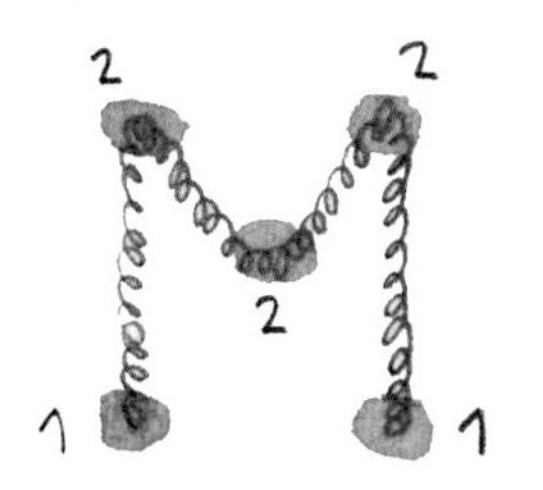

老师解释道：“别急。其实是可以有奇数点的，只是奇数点只能有 2 个：开始的端点和结束的端点。”

接下来，我们画了好多可以不间断地画下来的图案。我们感到很自豪，因为老师告诉我们，设计计算机集成电路的工程师也会画这样的图案。

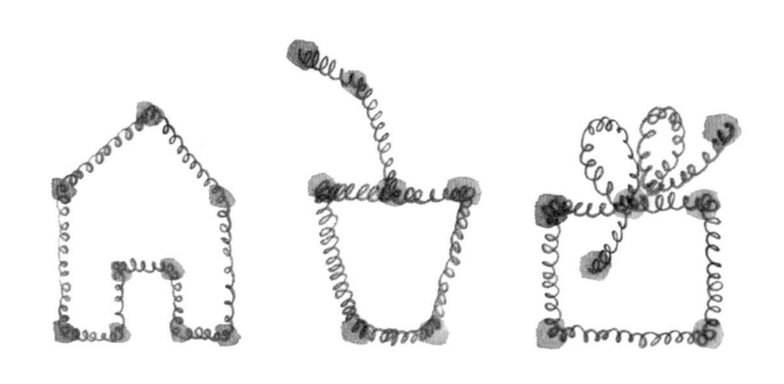

奇数也挺好的

“老师，我觉得你更喜欢偶数，因为你从来都没给我们讲过奇数有多么好玩。”马尔科这样对老师说，其实我也是这么想的。老师却回答说：“不是这样的，马尔科，你错了。奇数也很好，我马上就给你们讲一个有意思的事，只有奇数能做到。认真听着。我们先摆 1 枚纽扣，然后再加 3 枚，把它们摆成一个正方形，然后再加 5 枚，仍然摆成一个正方形，然后再加 7 枚……看到没

有？加上个数是奇数的纽扣，就能一次次地把正方形变大，而它的形状却不会改变。实际上，数字 1、4、9、16 都被称为平方数。”

可我们并没有信服，因为这看起来没有什么大不了的。于是老师解释说，虽然这看起来很简单，实际上并不简单：只把一个事物的一部分变大，其实很难让它看起来仍然跟以前一样。

“想想看，如果你们只有脚长大了，会是什么样子，”她说，“如果你们的身体只有腿变长了，而其他部位还跟小婴儿时一样大……”

幸亏我们身体的每一个部位都在生长，但不是所有的生物都这样。

比如说蜗牛，它的壳特别硬，不能整个儿长大，只有最外端的部分可以生长。那么，为了能与刚出生时保持相似的外表，它们是怎么做的呢？它们“利用”了一个很特殊的形状，也就是螺旋——蜗牛的壳是沿着螺旋线的方向生长的。

为了更快

做事情的时候，我总是想要加快速度，这样就可以和住在对门的卢卡玩了。但过去我一直都不知道，其实数学家也喜欢速度快。我发现，他们发明乘法就是为了要加快速度。不然的话，完全可以不慌不忙地只用加法慢慢算。

事情可能是这样的：一个商人要卖一些砖。每一摞砖都有 5 块。有个人向他买了 7 摞砖。

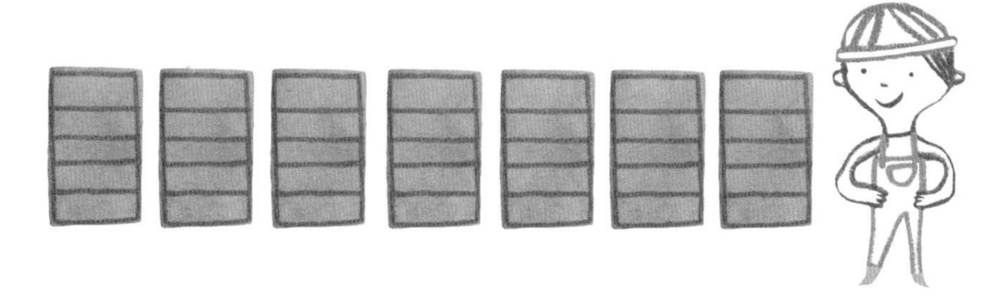

那总共有多少块砖呢？

商人会这样计算总数：

$$5 + 5 + 5 + 5 + 5 + 5 + 5 = 35$$

这时他意识到，在这个加法算式里，所有的数字都是一样的。要是有一个已经算好结果的表格就好了，比如上面写着 5 的 7 倍是 35，5 的 8 倍是 40，2 的 3 倍是 6，3 的 4 倍是 12，等等。后来，这个表格被发明了出来，就是乘法表。

写算式时数学家还想节省点地方，于是发明了乘号 ×，7 个 5 相加的和就可以写作：

$$5 \times 7 = 35$$

因为 35 是好多个 5 相加的和，他们也管 35 叫作 5 的倍数。这时有人说："你们注意到了吗？我们也可以把同样数量的砖分成 5 摞，每摞 7 块，而不是 7 摞，每摞 5 块。"

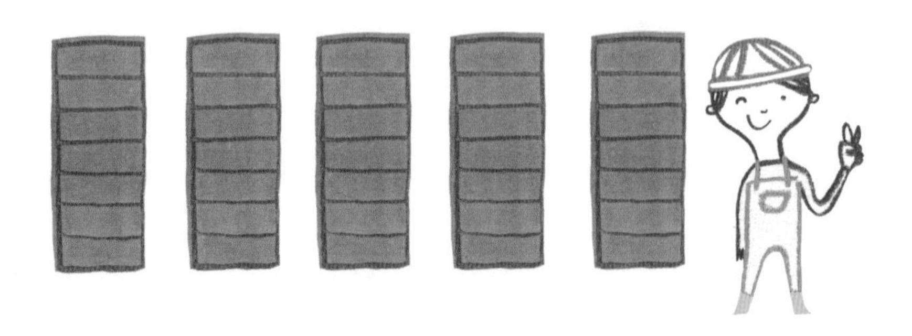

所有人都表示同意，于是大家一致决定，35 也是好多个 7 相加的和，即它同时也是 7 的倍数。

我觉得乘法表是个很好的发明，虽然我们必须要把它背得滚瓜烂熟。

X	1	2	3	4	5	6	7	8	9	10
1	1	2	3	4	5	6	7	8	9	10
2	2	4	6	8	10	12	14	16	18	20
3	3	6	9	12	15	18	21	24	27	30
4	4	8	12	16	20	24	28	32	36	40
5	5	10	15	20	25	30	35	40	45	50
6	6	12	18	24	30	36	42	48	54	60
7	7	14	21	28	35	42	49	56	63	70
8	8	16	24	32	40	48	56	64	72	80
9	9	18	27	36	45	54	63	72	81	90
10	10	20	30	40	50	60	70	80	90	100

一种适合爱美人士的运算
（也很适合嘴馋的人）

就像我说过的，贝亚特丽切特别爱美，每天都会换衣服，或者换上衣，或者换裙子，或者两件都换。

老师在讲乘法的时候对她说："贝亚特丽切，你知道吗，这种运算简直就是为你设计的。2 条不同的裙子和 3 件不同的上衣，运用乘法 2×3，就可以得到 6 套不同的衣服。"

马尔科老是取笑贝亚特丽切，老师这样说的时候，他在旁边一直乐。马尔科特别爱吃，老师也跟他开了个玩笑，说："亲爱的马尔科，乘法也很适合你，因为它可以告诉你，你最爱吃的 3 种面包、2 种饮料，还有 2 种甜点搭配在一起，一共会有几种组

合。试着在本子上把所有可能的组合都画出来吧，你会发现你也十分需要乘法哟! 来，大家一起来试一试。”

开始画之前，我们问马尔科，他喜欢的面包、饮料和甜点都有哪些。他想了好一会儿，然后告诉我们，有生火腿面包、香肠面包和奶酪面包，橙汁和茶，派和冰激凌（这些我也喜欢，不过我不太喜欢喝茶）。

当我们试着把可能的组合都画出来的时候，场面简直是一片混乱……

我们打算明天再试一试。

这个小窍门是马蒂亚告诉我的，其实我自己也想到了。

当你要把两个数字加在一起的时候，比如 36 + 75，你可以先把 36 分成 30 + 6，把 75 分成 70 + 5。

然后分别把两位数与两位数相加，一位数与一位数相加：

(30 + 70) + (6+5)

再把它们的和加在一起：

100 + 11 = 111

既提供氧气，也提供图表

我一直都知道树木对我们来说非常重要，因为它为我们提供可以呼吸的氧气，可以用来取暖的木柴，还有可以吃的果实。但我不知道的是，它对数学家来说也很有用。他们从树木那里得到了灵感，画了一个可以帮助他们计算的图。如果马尔科想列出 3 种面包、2 种饮料和 2 种甜点的所有组合，他就需要一个像树一样的图。

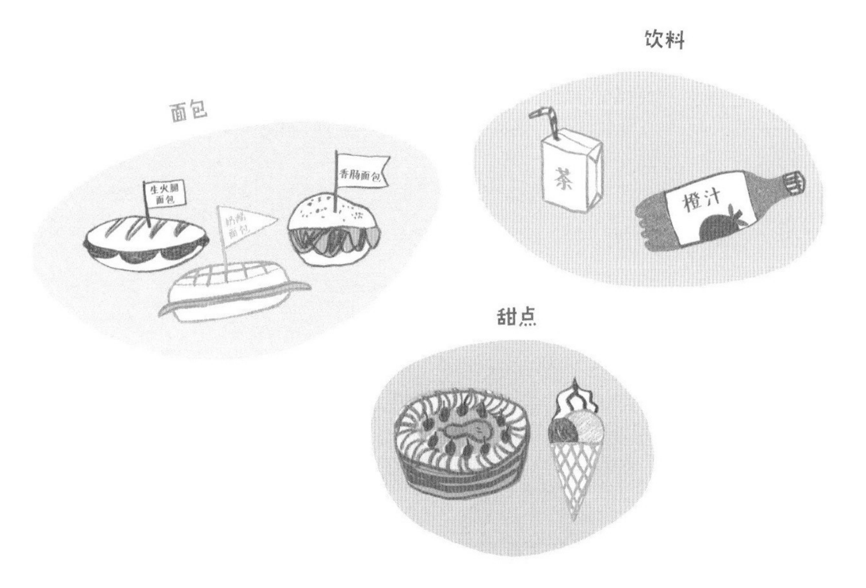

所以我们画了一个图，它有好多分叉，真的就像一棵树一样。

我们从 3 根代表面包的树枝开始画，然后在每根树枝上各画了 2 种饮料，最后在每种饮料上面又分别加了 2 个代表甜点的树枝。

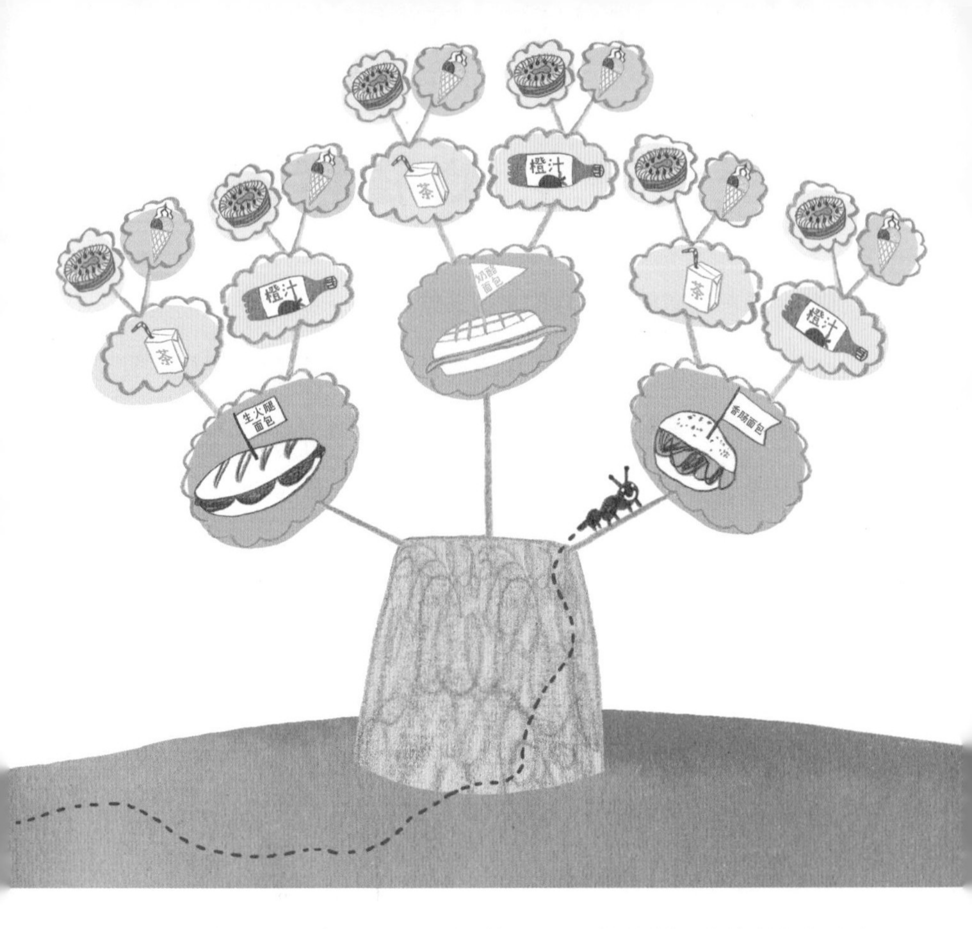

现在，如果你是一只小蚂蚁，只要你沿着一根树枝从头走到尾，就可以吃到一份美味的全套下午茶。

我们发现，马尔科的下午茶组合一共有12种，也就是3×2×2，跟树上小树枝的数量一样多。

老师说：

“看到了吗，这多方便！这个图叫作树形图，也常简称为树，它是一种数学工具。现在，你们可以把它添加到你们的数学工具箱里。别忘了把表格也放进去，因为表格也是非常有用的。”

因为每个人都要在植树节那天画一棵树，我决定了，到时候我要画一棵数学树。

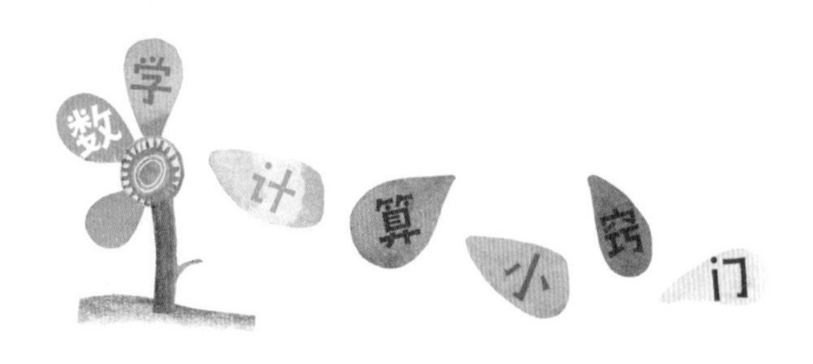

关于数字 9，有很多可以算得很快的心算小窍门。比如，如果要用 36 减 9，你可以先送一个 1 给 9，变成 10。

这样一来就变得很简单了：

36 − 10 = 26

然后，你再给 26 加上多减去的 1，这样 10 就又变成了 9。所以最后得到 27。

打电话

当你要通知朋友们“因为下大雪明天不用上课”的时候，也会用到“树”。（关于下雪停课这事，我住在这座城市还是很幸运的。因为这里雪总是会下得很大，每到这时市长就会通知学校停课。）

当然，这里不是让你爬上树使劲喊，而是用树形图决定谁给谁打电话。

比如，我从电视新闻上听到了学校要停课的消息，就马上给马尔科和马蒂亚打电话。马尔科会打给大卫和比安卡，而马蒂亚会打给马尔塔。然后，马尔塔会打给贝亚特丽切和朱莉娅。

这样，在很短的时间内，通过 7 通电话，我们 8 个就都知道了这个消息，而且每人打的电话都不超过 2 通。

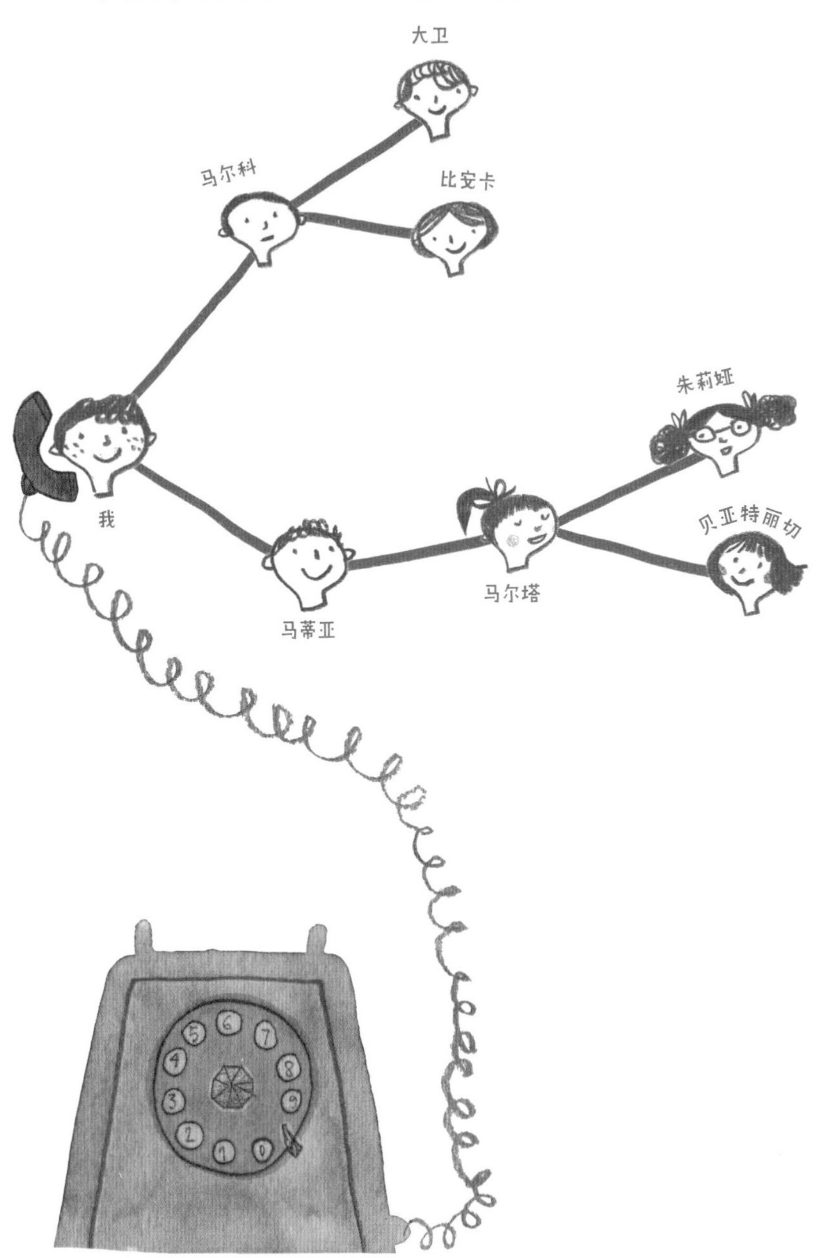

规则“猎人”

数学家很喜欢两件事：问题和规则。

问题对于他们，就好比金子对于淘金者，而规则是他们一直很执着的一件事。

对于有些东西，他们看一眼就能知道有没有重复出现，然后立即就想知道是不是每次都是这样。如果通过思考和推敲，他们认为这件事每一次都会出现，就会说这是一种规则。

比如，他们看到，把两个奇数相加总会得到一个偶数。这就是一个规则。

他们甚至从“树”上找到了一种规则。

这一规则在树形图上总会重复出现。现在我来解释一下，就拿刚刚打电话的树形图为例吧。

我们可以看到，一共打了7通电话，而小朋友一共有8个，所以小朋友的数量比打电话的次数多1。

对我们来说，这件事并不会困扰我们，也不会让我们想太多。而数学家却会产生疑问、思考并自我提问：为什么呢？是总会这样，还是仅仅是一次偶然？让我们再来画一些“树”看看……

为了让想法更加清晰，他们又另外画了几棵“树”，比如下面这些（为了能更好地思考，他们没有在上面写任何名字，或加任何点缀）。

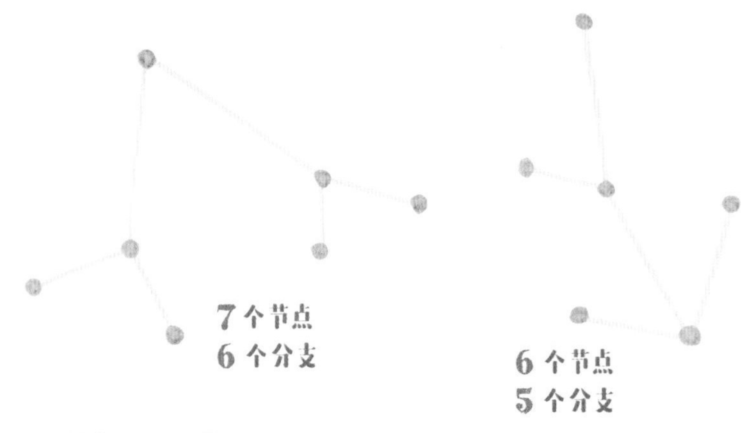

他们发现了什么?

他们发现，在这些“树”上也发生了同样的事：节点的数量（也就是小朋友的数量），总是比分支的数量（也就是打电话的次数）多1。

可他们并不满足，而是更加深入地思考，于是就画了一棵特别简单的“树”。

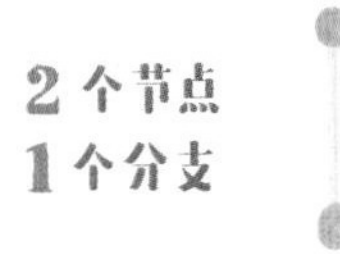

然后他们数了数：2个节点，1个分支。他们很开心地看到，在这棵小“树”上，节点的数量同样比分支的数量多1。现在，他们要在上面加一个分支。在添加的过程中，他们意识到，如果要加分支，就必须要加在最末端的节点上。

所以它们还是相差 1。数学家们明白了：每一次想要加一个分支，就必须要再加上一个节点。

所以，节点与分支总是相差 1。他们终于安心了，因为事情总是这样。于是他们在记录规则的本子上写下了一条新规则：在一棵“树”上，节点总会比分支多 1。

这就是他们思考问题的方式。

这个小窍门真的非常简单。

谁都可以明白，还有，它和 4 有关。

如果你要把一个数字跟 4 相乘，比如：

13 × 4

你可以先用 13 乘以 2，然后再乘以 2，这样就能算得快很多。

也就是 13 × 2 得 26，而 26 × 2 得 52。

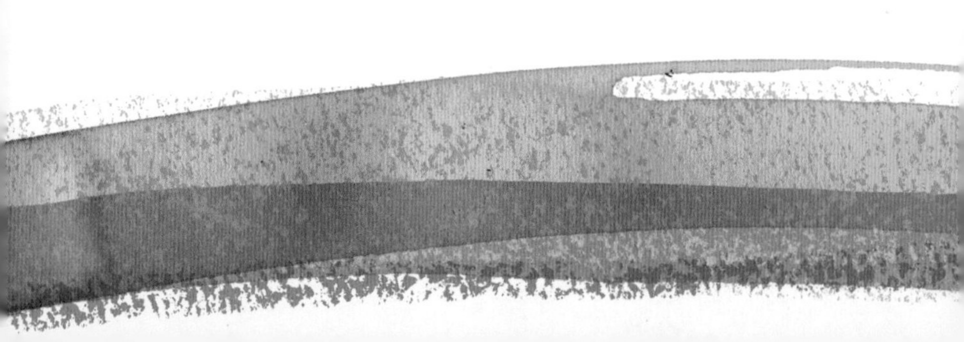

只能排成一排的数字

根据各自的特性，数字可以分成不同的种类。过去我并不知道这点，以为只要每次都加上 1，就可以从一个数字得到另外一个数字，这样一直加下去就行了……就像好多兄弟一样。其实不是这样的。

老师说："你们把自己想象成一个古罗马军官，为了抵抗外敌的入侵，现在你需要把手下的士兵们排成御敌的阵形。"

我读过相关的知识，于是马上开始想象那个场面，每行每列都有很多士兵。老师又接着说道："想象一下，如果你们分别有 13、14 和 15 个士兵，应该怎么布阵？"

"老师，要抵抗外敌必须要有更多的士兵！"我说。

"我知道，但这不是真正的战场。这只是一个例子，我要用这个例子让你们明白数字间的某种区别。"

很快我就明白了，老师为什么要给我们这几个数字。

她想让我们意识到，你并不总是可以摆出阵形。

13 就不行，13 个士兵只能排成一排。14 等于 2×7，于是我就把他们排成了 2 排，每排 7 个（当然也可以把他们排成 7 排，每排 2 个）。15 等于 3×5，所以我把他们排成 3 排，每排 5 个（而马蒂亚排的是 5 排，每排 3 个）。

老师解释道：

“像13这样的数字还有很多，比如2、3、5、7、11、17等，有无数个。”

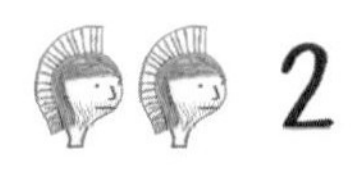

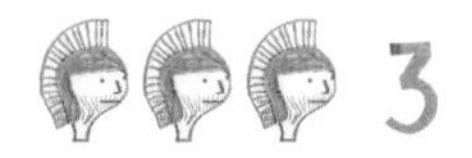

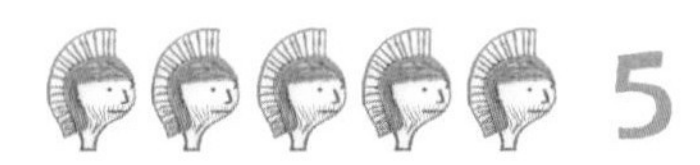

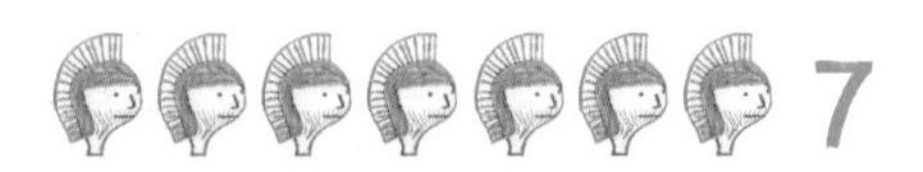

它们叫作质数（也叫素数）。除了每排只有1个的情况，它们没法分为具有同样个数的两排或多排，因为它们只是1的倍数[①]，而不是任何其他数字的倍数。其他数字叫作合数，它们可以排成每排个数相同的长方形。（注意：1既不是质数，也不是合数。）

总之，质数只能排成一排。但是它们非常重要，非常宝贵！

它们可以用来加密，比如在网上买东西加密付款，这样黑客就不容易偷走你的钱了。

正是因为这样，出现了很多寻找质数的人，他们就像美国西部的淘金者一样。

如果你能找到一个没有别人知道的质数，不仅能挣很多钱，还能出名。但这真的很难。因为质数不像偶数、奇数那样很有规律地排列：一个偶数，一个奇数，再一个偶数，再一个奇数……它们不是这样的，而是很随意地混在数字里，在你不经意的时候出现。

① 实际上，按质数的数学定义，质数应该是除了1和它本身以外，再没有其他的因数。原文中只提到了1，并没有提及数字本身。——译者注

在数字里“淘金”

我们问老师，怎样才能找到这些质数。她告诉我们，如今只剩下一些特别大的质数还没有被发现（那些小的质数都已经被别人找出来了）。要找到它们，需要一台特别强大的电脑，所以特别难。但老师还是把方法教给了我们，没准什么时候就能用得上呢……

方法其实很简单，有点像淘金者从泥沙里淘金子——他们会拿一个筛子，用来盛掺着金子的泥沙。泥沙会从筛子的孔隙里漏出去，留下来的就是金子。

我们也用这个方法把 1 到 50 的所有质数筛选了出来。

1	2	3	4	5	6	7	8	9	10
11	12	13	14	15	16	17	18	19	20
21	22	23	24	25	26	27	28	29	30
31	32	33	34	35	36	37	38	39	40
41	42	43	44	45	46	47	48	49	50

首先，马蒂亚把从 1 到 50 的所有数字都写在了黑板上。然后，我们轮流去删掉那些不是质数的数字，也就是合数。最后就仅剩下那些“只能排成一排”的质数了。

第一个接受筛选的是数字 1。

我们想了想，虽然它不是合数，但还是把它删掉了，因为只有一个士兵是不能排成一排的！就这样，比安卡把它删掉了。

然后轮到了数字 2，我们把它留下了。贝亚特丽切把它的所有倍数，也就是其他所有的偶数都删掉了。3 也一样，卡洛把 3 留下了，在它所有的倍数——6、9、12、15 等上面，都打上了一个大大的叉。只不过，贝亚特丽切已经删掉了一些 3 的倍数，因为它们同时也是 2 的倍数。

轮到数字 4 了，因为它是合数，所以我上前要把它和它的倍数全部删掉。然而，令人惊奇的事情发生了！

那些数字已经被贝亚特丽切全部删掉了，一个都不剩。我有点郁闷。

于是老师让我筛查了数字 5。我把它留下了，然后迅速地把它所有的倍数都删掉了。

就这样，我们不停地筛选着，最后只剩下了 15 个数字，它们都是质数，都是“金子”。

可惜我们什么钱都挣不到，因为所有人都知道它们是质数。不过，等我、比安卡和马蒂亚长大后，我们想试着找一找那些没人知道的质数。

这种筛选质数的方法，是很久以前的一位数学家发明的，他的名字很奇怪，我想不起来了。我只记得他是古代最大图书馆的馆长，这个图书馆位于埃及亚历山大港，一座由亚历山大大帝建造的城市（正是因为这样，这座城市是以他的名字命名的）。老师告诉我们，在古代如果你想要到亚历山大去，需要上交一些书给图书馆作为进城税。他们把书抄完之后，会返还给你。

名字很难记的奖项

我们的老师特别喜欢玩，她总是让我们玩猜谜或是做游戏，所以我们都很喜欢她。

今天她向我们发出了挑战：她选一个偶数，我们要找出两个质数，使这两个质数的和等于这个偶数。

好几次我们都觉得这样的质数并不存在，老师很平和地对我们说：“好好找，我敢肯定它们是存在的。”

结果就像她说的那样，我们全都找出来了。

比如 76，我们找啊找，终于找到了 47 和 29，它们加起来正好得 76：

76 = 47 + 29

当然 3 和 73 也可以。

然后老师给我们揭开了这个秘密。

“大家注意。有人说，每一次只要想找到两个质数，使它们的和等于 4 以上的任何偶数，就可以成功找到。但自从人们发现了这件事，已经过去了两百多年，还没有任何一个人能够成功地证明它总会发生。如果谁能够证明这件事，就能赢得数学界最重要的一个奖项。”

这个奖项有个很难记的名字，就像诺贝尔奖一样。

那么，是找到一个没有人知道的质数简单，还是证明这条规则简单？

长大以后我想要试一试，因为现在我的数学学得越来越好了。

今天，老师教给我们一个特别厉害的小窍门。

一个数字乘以 10 很容易，只需要在数字后面加上一个零，这点所有人都知道。如果你足够聪明，你在乘以 5 的时候，也可以先把它乘以 10。

别急，你先听我说，我会给你一个特别有用的建议！

没错，想要正确的结果，你必须马上再把得数除以 2。比如你要计算 **42×5**。

心算的时候，就可以先算 **42×10=420**。

然后再算 **420÷2=210**。

就像红黄蓝一样

红、黄、蓝是很特别的颜色，用它们可以调配成其他任何颜色。红色和黄色可以混合成橙色，蓝色和黄色混合可以得到绿色，而蓝色和红色混合是紫色。如果你还需要其他的颜色，可以把一些颜色多加点，一些少加点，就能调出任何你想要的颜色。所以，红色、黄色、蓝色被称为“三原色”。

我们很开心地把颜料混合起来，做了一张五颜六色的海报。马蒂亚笨手笨脚的，把颜料弄得鼻子和耳朵上都是。

这时，老师又告诉了我们更奇怪的事：

“像颜色一样，数字里也有一些非常特殊的，正是它们组成了其他的数字。这些特殊的数字是哪些呢？是质数！”

我就知道是这样。

所有合数（不是质数的数），无论是偶数还是奇数，都可以通过把若干个质数相乘得到。

只要看看下面这些例子就明白了。

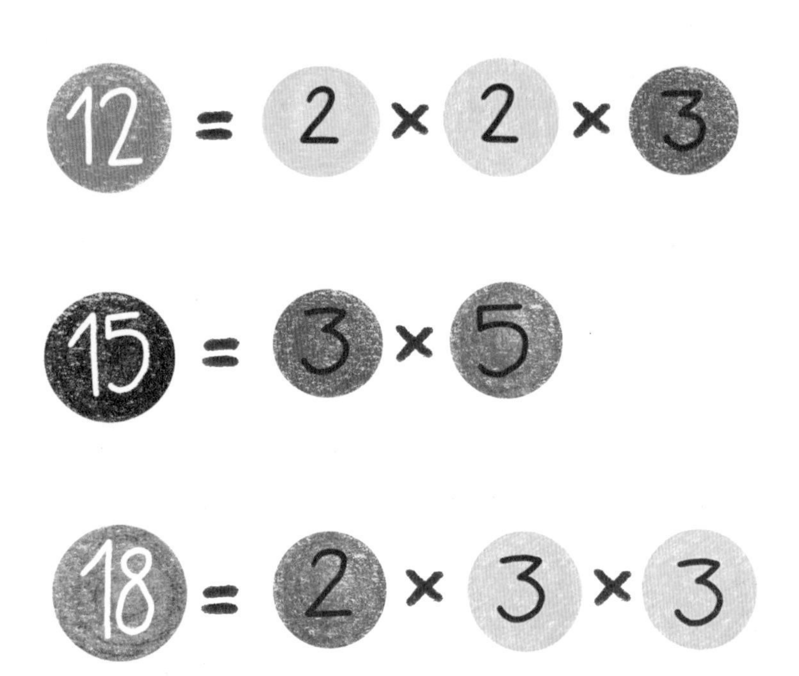

总之，用质数可以创造出其他任何数字（除了0和1），它们就像是构成事物的原子一样。没准就是因为这个它们才叫作“质”数，质的意思是“本质”（这也说明了质数对于其他数字的重要性）。

数字的亲戚们

每个人都有亲戚。爷爷奶奶外公外婆，是爸爸妈妈的爸爸妈妈；叔叔伯伯姑姑舅舅姨妈，是爸爸妈妈的兄弟姐妹；而堂兄弟表兄弟，则是叔叔伯伯姑姑舅舅姨妈的孩子。

不过我不知道的是，在自然数家族中也存在亲戚关系。

我们随便拿一个数字，把它叫作 n，就像我们随便找一个人，并管他叫某人一样。而 n 的亲戚们有着不同的名字。

比如，在数轴上紧接着 n 之后的数字，叫作 n 后面的数字，就是 $n + 1$。

n 前面的那个就是 $n - 1$，叫作 n 前面的数字；而把 n 乘以 2 得到的数字，叫作 n 的 2 倍，写作 $2n$。

下面就是我们已经知道的 n 的亲戚们。

n 的亲戚们

n 后面的数字是 $n+1$

n 前面的数字是 $n-1$

n 的 2 倍是 $2n$

n 的 3 倍是 $3n$

n 的一半是 $n \div 2$

所有的数字后面都有数字，只有零的前面没有其他数字。还有，只有偶数有等于它一半的数字。

我们知道了数字亲戚们的名字后，老师问道："你们告诉我，5 后面的数字、10 的 2 倍、9 前面的数字、2 的 3 倍以及 16 的一半分别是多少？"

我们都回答对了。

可是后面的问题就有点复杂了，比如老师问：4 后面的数字的 2 倍是多少？

马蒂亚说是 10，他答对了；而马尔科说是 9，他答错了。因为他答的是 4 的 2 倍的后面的数字，而不是 4 后面的数字的 2 倍。

"9 是不对的！"老师说，"你们应该更细心些，因为一个数后面的数字的 2 倍跟一个数 2 倍的后面的数字是完全不同的，就像一个人妈妈的爸爸并不是他爸爸的妈妈一样，一个是外公，一个是奶奶。"

n 的这两个亲戚是不同的，所以它们的照片也不同。

$2n+1$ 的算式告诉你，你必须要先算 n 的 2 倍，然后再加上 1，这样你就得到了 n 的 2 倍后面的数字。

而 $2(n+1)$ 这个带括号的算式，意思是你要先找到 n 后面的数字，然后再把它乘以 2，这样你就得到了 n 后面数字的 2 倍。

外公　　奶奶

n 的 2 倍后面的数字　　n 后面数字的 2 倍

当你要把一个数字乘以 11 时，有一种很简单的计算方法。比如要算：

35 × 11

可以先算 35×10，只要在 35 之后加一个 0 就行，得 350。然后再加上 35，就得到了 385。

很简单，是不是？

为了往回走

人们发明减法就是为了能够往回走。

比如你有 5 欧元，一个朋友又给了你 3 欧元，要想知道一共有多少钱，你要做加法。画一条数轴，先找到 5 的位置，然后向前走 3 步，就到了 8 的位置，这就是做了加法。

老师告诉我们，古埃及人用两个小爪子代表加法，就像这样：

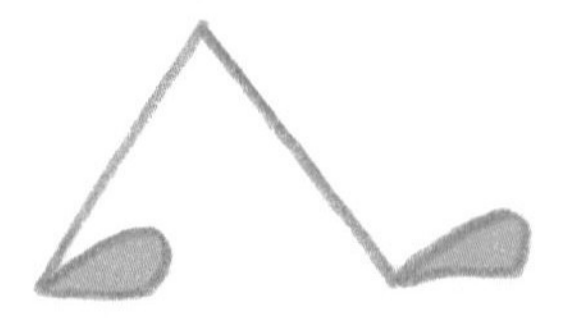

如果你的朋友向你要回这 3 欧元，那就要从 8 的位置往回走 3 步，这就是做了减法 8−3=5，你就知道你还剩下多少钱。

古埃及人代表减法的符号是这样的：

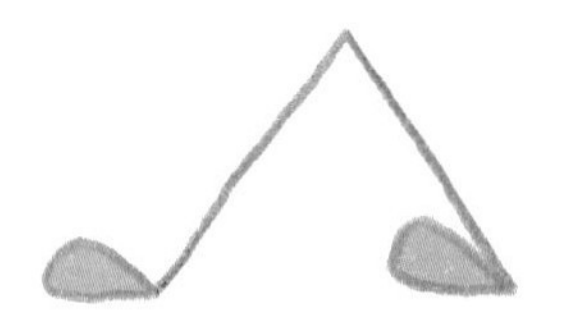

往回走的时候，因为 0 前面已经没有任何数字了，那两个小爪子就有可能掉下去。

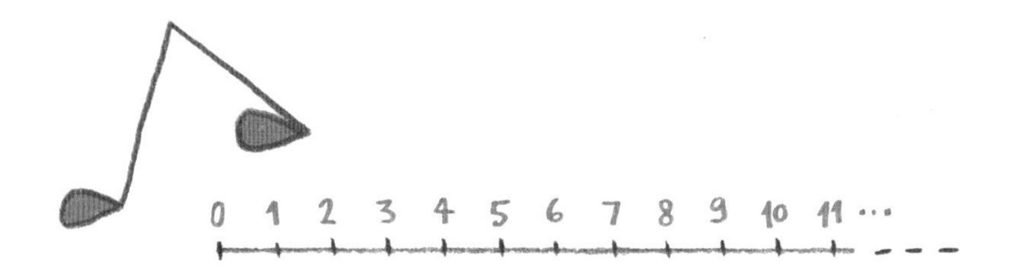

于是数学家们发明了可以放在 0 前面的数字，为了和其他数字区别开，就在它们的前面放了一个减号（也就是负号）。这些数字叫作负数。而在 0 之后的数字，则在前面放上了加号（也就是正号）。我不知道负数是不是真的因为这个才有的，而且我觉得也不像是古埃及人发明的。反正，既然现在有了负数，我们就应该使用它们。

… -7 -6 -5 -4 -3 -2 -1 0 +1 +2 +3 +4 +5 +6 +7 +8 …

整数的数轴

表示负债的数字

我们的老师很棒，她会让我们像哲学家一样思考问题。

而哲学家的工作就是，花很长的时间思考问题。因此，当她这么问我们：你们觉得是有很多好，还是有很少好？我们马上肯定地回答：有很多好！

她接着问："如果有很多债务呢？疾病呢？麻烦呢？"

我们不说话了，随即明白了这堂课的意义……是的，生活里还有很多负面的事情，比如欠债。而且欠的钱也可以相加，最后你可能会欠很多很多的钱。要把欠的钱相加，就需要用到负数的加法。举例来说，欠债 10 欧元写作 −10，欠债 5 欧元写作 −5，而欠债 3 欧元写作 −3。如果要把它们相加，就要把它们一个写在另一个的后面，就是 −10 加 −5 加 −3。你可以算一下，加起来一共欠 18 欧元的债，写作：

$$(-10)+(-5)+(-3)=-18$$

幸运的是，有时候你除了欠债还有收入，比如你之前借给朋友一些钱，所以他们那里就有你的钱。这样，你收回的钱就可以与欠的债相抵销。

比如，我应该还马蒂亚 8 欧元，而我应该从马尔科那里得到 5 欧元，那是之前郊游的时候他向我借的。也就是说，我有 8 欧元的欠债和 5 欧元的收入，算下来我只欠 3 欧元。它可以写作：

$+5+(-8)=-3$

除了表示欠的钱以外，负数对潜水员和气象学家也很有用，要不是这样，负数就真的太令人讨厌了。

数字中的黑洞

在宇宙中，特别是在外太空中，存在着黑洞，它们非常可怕。如果一艘宇宙飞船从离黑洞很近的地方经过，瞬间就会被吸进去，再也逃脱不了。

数字中也存在着黑洞，它也会吸走一切。

它就是 0。如果一个数字与 0 相乘，它就变成了 0。

乘以0的时候，没有任何一个数字可以抵抗，全都会被吸走，最后都变成0。

但是，0在加法中却表现得很友好，很亲切，它甚至会把一切都留给另一个数字。

当我把这件事告诉老师时，她是这么回答我的：

“数字就像人一样。它们不好也不坏，主要看你是如何对待它们的。”

比安卡

比安卡长大以后一定会成为一名科学家，因为数学已经深入她的骨子里了。她思考问题的方式也跟数学家很像。当她知道了 0 的这些奇怪特性之后，马上就去找是不是还有其他奇怪的数字。她找到了！那就是数字 1。当 1 用在乘法里的时候，它亲切得就像加法里的 0 一样，也会把一切都留给另一个数字。

3×1=3

1×287=287

而且，1是加法中的“老大”，只要加1就可以得到任何数字！

老师说，不应该用“亲切”来形容0和1，而应该用“中立”，不，应该是“中性”。

我们最好现在就开始学习使用一些数学家使用的词语。

就像你如果想要成为橄榄球运动员，你也应该学着像他们一样说话：争球、达阵、落踢射门、传球等。我知道所有关于橄榄球的词！

当做乘法有点难的时候，你可以把比较大的那个数字拆开，一点一点地面对“敌人”。

比如你要计算72×6，你就可以把72拆成70＋2，然后这样算：

$70\times6+2\times6=420+12=432$

这样你就能战胜“敌人”了。

家族壮大后又来了其他的亲戚

事情是这样的：因为数轴变长了，家族变大了，现在连 0 也有了前面的数字，就是−1。这下每个数字都有了前面的数字。

现在，n 先生也多了一个亲戚。它叫作 n 的相反数，就是$-n$。

是的，5 的相反数是−5，而−5 的相反数就是 5。总之，5 和−5 相互是对方的相反数。

就像两个兄弟，他们相互是对方的兄弟。

n的相反数

互为相反数的数字是一对很特殊的数字，因为它们在相加时就相互中和了。所以它们的和总是 0，而 0 是中性数。

当你要把两个数相除时，如果它们的末尾都是0，比如：

350÷70

你可以先把它们分别除以10，也就是去掉两个数字末尾的0，然后再做除法：

35÷7=5

结果是不变的，但是这样就简单多了。

偶数还是奇数

有个办法可以在“偶数还是奇数”这个游戏中取胜。上课的时候我们做了这个游戏，后来我就发明了这个办法。

每个同学都先选一个数字，然后我们分成两队：奇数队和偶数队。

老师从每队中各选一人。这两个同学把他们的数字相乘，如果结果是偶数，他们就要到偶数队去；如果是奇数，就要到奇数队去。加入另一方队伍的人不再参与相乘。

老师先选了卡洛，他的数字是 6，然后又选了琳达，她的数字是 3。相乘的结果是 18，是偶数，所以偶数队就得到了琳达。轮到比安卡和我了，她的数字是 10，而我的是 9。可惜的是，10 乘以 9 得 90，是偶数，所以我也站到了偶数队那边。

就这样一轮一轮地玩下去，奇数队的同学越来越少，因为每一次相乘的结果都是偶数。

游戏结束时，所有的同学都站到了偶数队那边，原先的奇数队队员们都愁眉苦脸的。

比安卡却特别满意，她叫道："老师，老师，偶数也是个黑洞！它也可以吸掉全部的数字！"

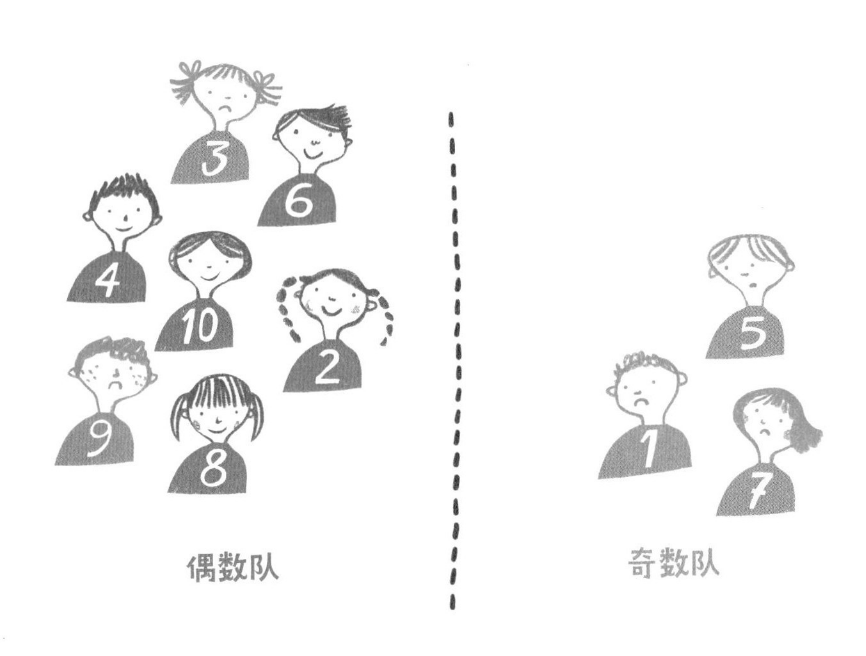

这时，我突然有了个主意。在玩"偶数还是奇数"的时候，建议大家选乘法而不是加法；选队的时候伸出的手指数是偶数，这样就可以加入偶数队了。因为结果一定会是偶数队赢，所以你一定会赢。

就像0一样

偶数和 0 都是“黑洞”，所以它们很像。而今天，我们发现它们其实还有更多的相似之处。

如果你进入和离开一个房间的次数是偶数，你就会回到开始的地方，就好像你从来没有移动过。

而如果是奇数次，你所在的地方就发生了改变：如果你开始是在房间里面，那么现在你会在外面；而如果你开始是在房间外面，现在你就会在它里面。

老师说：“看到了吗？在这种情况下，偶数就是中性的，它不会带来任何变化。”

这时候，马尔塔想到了迷宫中的小鸡：“啊，这就是为什么，那个好像在迷宫里面的小鸡其实是在迷宫外的！这是肯定的！因为它出来进去的次数是偶数，所以如果它在迷宫外面，说明它之前也是在迷宫外面的。”

为了进一步确认，老师又让我们用数字试了一下。

我们选了数字 4（我的生日恰好是 4 号），然后分别给它加上一个奇数和一个偶数。

4+7=11　　　　**4+6=10**

如果加上奇数，结果也是奇数；而如果加上偶数，结果也是偶数。总之在加法里，偶数不会使奇偶性有任何改变。

所以，偶数就像 0 一样：在乘法里，它是个黑洞；而在加法里，它是中立的，不对，应该说它是中性的。

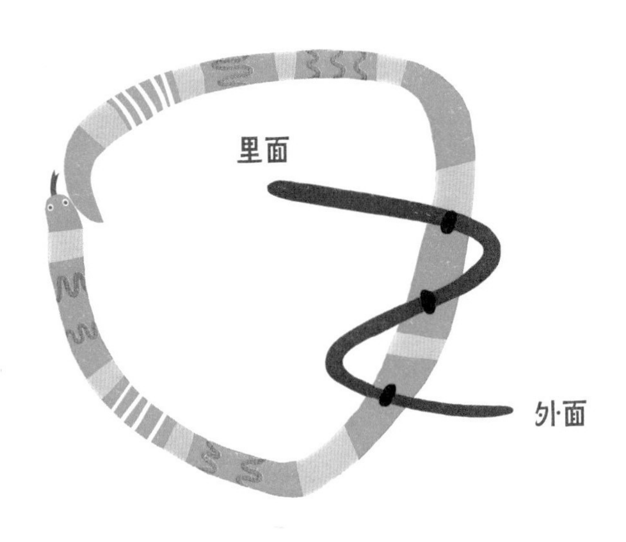

原点

你用铅笔画画时，不喜欢的话可以用橡皮把画擦掉，这样你就回到了原点。你穿上一件运动衫，觉得热了可以脱掉它，这样你就回到了原点。你把笔记本从书包里拿出来，放学时再放回去，这样你就回到了原点。如果给 5 加上 2，得到了 7，然后再用 7 减去 2，又得到了 5，这样你就又回到了原点。

老师说：画画—擦掉、穿衣服—脱衣服、拿出—装回、加法—减法都是相反的动作。现在，乘法也想要有它相反的运算。（在我们班里也是这样，如果一个同学有了某样东西，其他的同学也都马上想要那个东西。）

所以，人们就发明了除法。

它是这样的。

假如你用一个数乘以 5，得到了 15。现在你想要退回去，看看究竟是用哪个数乘以了 5。

于是你就做除法：

15÷5

然后你得到了 3。你在找的数字正是 3，因为 $3\times5=15$。

做除法最重要的是要熟记乘法表。如果你不记得了，也可以使用计算器（我的电脑程序中就有一个科学计算器，我总是用它来计算。它是给大人用的，爸爸就会用它）。

如果你要用一个数除以 4，比如：

64 ÷ 4

要想算得快一点，你可以先把它除以 2，然后再除以 2。

就像这样：

64 ÷ 2 = 32

然后：

32 ÷ 2 = 16

结果是 16，而且算得很快。

大跨步

我打完橄榄球爬楼梯回家。因为实在是太饿了，我都是两阶两阶地上。我一边上一边数 2、4、6……所以乘法表上 2 的部分我背得特别好。

而我弟弟上楼的时候，都是一阶一阶地上，走得很慢（有时候他还会让别人抱着上）。我在等他的时候，突然有了一个想法，一个关于数学的想法！不知道老师听了会说些什么！

我突然想到，我和弟弟的差别非常大。

他上楼的时候做的是加法：一级台阶加上一级台阶，再加上一级台阶……而我是做乘法：只用 6 大步，我就上了 12 级台阶，到了上一层的楼梯平台。当我下楼的时候，也用了 6 个大跨步，就又回到了下一层的楼梯平台。下楼的时候，我其实无意间做了除法。我觉得这完全说得通，因为我又回到了原点。

老师之前跟我们说过：

“乘法是重复的加法叠加在一起，除法跟它一样，是重复的减法叠加在一起。”

等我再长高点，我要一口气上下三级台阶，这样只需要 4 个大跨步，我就能下楼去找菲利普，他正在楼下骑着车等我呢。

最难的运算

运算里最难的是除法。因此，在做除法时，老师总会帮助我们，同学之间也会相互帮助。

为了鼓励我们，老师说在中世纪，甚至有一些专门教除法和乘法的大学。那些最重要的大学都在意大利，很多国家的人都会前去学习。后来，正是一个意大利人写了一本解释数字和运算的书。这本书非常有名，它的作者叫斐波那契。

当数字特别大的时候，老师就会让我们用计算器算。

最难的是，当你遇到一道题的时候，你要先搞明白是不是需要做除法。为了弄明白这点，老师教给我们一个诀窍。

这个诀窍是：你要看能否在题目里找到“每个”这个词，或者跟它类似的词。如果没有这个词，那就试着把它加进题目里，看看是不是可以说得通。

就拿下面这个题目为例吧。

学校郊游的车费是240欧元，一共有60个学生参加。那么，一个学生的车费是多少欧元？

这里虽然没有“每个”这个词，但我发现如果把它加进题目里，其实也说得通。于是，我把问题改成：每个学生的车费是多少欧元？而“每个”这个词让我很肯定，在这里应该用除法：

$$240 \div 60 = 4$$

所以，每个学生的车费是 4 欧元。

看起来还不算太贵嘛。

每个学生
的车费
是多少欧元？

$$240 \div 60 = 4$$ 欧元

0是一阵风

古罗马人的语言，也就是拉丁语，今天已经几乎没有人再说了。当然，如果有谁想学，上高中后照样可以学习，不过他要非常努力才行，不然的话功课会跟不上的。

虽然现在我们已经不说拉丁语了，但是在意大利语词汇中，还是混进了很多拉丁语。

比如说，街道这个词“strada”就来自拉丁语，意思是由很多层“strati”组成：最底层是大石块，然后在上面铺一层小石子，再在最上面铺上平整的石板。同样，英国人和美国人说“街道”（street）的时候，其实也在使用古罗马人的语言。古罗马人真的太强大了！

这是在我们去参观阿尔巴富辰斯——一个带有完整街道的古城的时候，老师告诉我们的。

今天，我知道了0（zero）这个词也来自拉丁语。它的意思是风，因为它源自拉丁语“zefirus”一词，用来形容一种微风。

而风就是流动的空气，也就是什么都没有[1]，就跟0一样。贝亚特丽切特别喜欢这个故事，因为她觉得这个故事很浪漫。

就算有个很浪漫的名字，0依然是个“硬汉”。谁让它在加法和乘法里表现得奇奇怪怪的……

---

①实际上，空气虽然看不见摸不着，但并非空无一物，而是由无数气体分子组成的，这些气体分子流动才产生了风。——编者注

而最奇怪的当数它在除法里的表现：任何数都不能除以 0。这是绝对不行的！如果你非要用计算器除一除，就会出现一个提示错误的信息。

这其中的原因很有道理，我完全可以理解。

如果你要算：

10÷2=5

通过计算，你可以很顺利地得到答案，因为：

5×2=10

而如果除以 0，你根本不可能得到任何结果，因为没有一个数字可以放在算式中使等式成立。比如你想算：

10÷0=……

在省略号的位置你能放哪个数字？这里需要一个数字，而它乘以 0 的结果是 10。但是，当你用一个数字乘以 0 的时候，结果总是 0……根本不可能等于 10。因此，10÷0 的结果根本不会存在。所以，你就老老实实地不要除以 0 了。

数学计算小窍门

当你用心算做除法时，如果要把一个数字除以 5，比如 130，你会觉得这好像很难，那你可以试着这样做。

先把 130 除以 10，然后，为了得出正确结果，再把刚刚得到的结果乘以 2。先算：

$130 \div 10 = 13$

然后再算：

$13 \times 2 = 26$

我觉得这样比较简单。

如果你还剩下点什么

做除法的时候，你可能很幸运，也可能不那么幸运。如果很幸运，在运算的最后你什么都不会剩下，正好整除。比如：

$20 \div 5 = 4$

如果你不那么幸运，运算到最后可能会有余数。比如：

$21 \div 5 = 4 \cdots\cdots 1$

这是因为，你可以在乘法表中 5 的下面找到 20，它是 5 的倍数；而 21 却不是，你在乘法表中 5 的下面找不到它，它并不是 5 的倍数。

数学家不喜欢有剩余，我觉得他们不喜欢是有道理的。比如你有 21 块巧克力，想把它们分给 5 个小朋友，如果不能把剩下的一块也分出去，你就会觉得不够完美。

通过思考，数学家终于找到了分这块巧克力的办法。

他们把剩下的这块平均分成了 10 份，然后分给了小朋友。

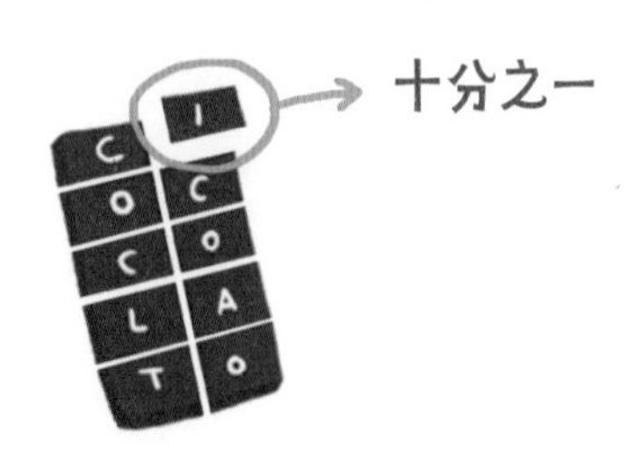

每一份叫十分之一，因为它是这块巧克力平均分成 10 份后其中的 1 份。这样，每个小朋友就可以分到 2 块十分之一的巧克力啦！

用我们已经知道的数字没办法把它写出来，因为这些数字都是整数，而且在整数中每个数字的位置都有特定的含义。

…… 千位 百位 十位 个位

于是，他们决定发明一些带小数点的数字，这些数字就叫作小数。

在个位的后面有小数点，而小数点后面可以写十分位的数字，之后还有百分位的数字、千分位的数字，等等。

…… 千位 百位 十位 个位 .
十分位 百分位 千分位

（百分之一就是你把一块巧克力平均分成 100 份后其中的一份，每一份都特别小；而千分之一就是你把它平均分成 1000 份后其中的一份。）

现在，如果你想要把刚才剩余的那块巧克力平分，你可以这样做：

21÷5=4.2

每一个小朋友可以分到 4 块整的巧克力和 2 块十分之一的巧克力。

此外，既然发明了小数，你就可以在数轴上加上它们了。但是必须要很细心，因为这有点困难——现在数轴上可是挤满了数字！

带小数的数轴

柠檬皮

做柠檬茶或者柠檬水的时候，我们会把柠檬挤得很干净，然后扔掉剩下的柠檬皮。我们会把柠檬汁挤在草莓上（再加一点糖），或者挤在水果沙拉里。我们只用它的汁，而把剩下的扔掉，这点每个人都知道。

老师却跟我们说："有时候，有些食谱里需要的正是柠檬皮，比如做水果派的面团就需要用柠檬皮擦的丝。问问你们的妈妈就知道了。"

可这跟数学又有什么关系呢？是有关系的，因为有一种运算就跟做水果派一样，也需要"柠檬皮"——不需要管结果，只需要看余数。

用这个运算你能够知道15天之后的那天是周几。你可以这样做：把15除以7，7是一周的天数。

15÷7=2……1

你不要管2，只要看剩余的1。把1加在今天的日子上，比如今天是周二，那么15天之后的那天就是周三。

今天早上在学校里，我们计算了17天之后的那天是周几，那天我们要去看小丑表演。那天是周五。如果把17除以7，就得到了2余3。这个2对我们来说不重要，可以扔掉。我们只看剩余的3，然后从今天（周二）起，向后数3天。

所以那天是周五，我知道我会玩得非常开心。去年，我们就笑得前仰后合。有一个小丑走过来故意摔在我们脚下，特别滑稽。

手表也需要“柠檬皮”

我们制作食物时需要柠檬皮，连看手表时也需要“柠檬皮”——看除法的余数。

如果现在是晚上8点，你要给电池充电15个小时，那么，电池几点才能充好?

因为每 12 个小时指针会回到原来的位置，所以你要把 15 除以 12，然后看看余数是多少。

$$15 \div 12 = 1 \cdots\cdots 3$$

它的意思是，指针会转一整圈后回到 8，然后再向前走 3 个小时，就到了 11 的位置。

明天上午 11 点时，你就可以把电池断开电源，安心使用它了。

你看，这个计算中对你有用的，除了电，还有除法的余数。就跟柠檬皮一个样儿!

给马蒂亚的礼物

今天是马蒂亚的生日，我们送给他一个礼物。因为他上学老是迟到，我们就送给他一块手表。为了给他一个惊喜，我们把手表放进一只鞋盒里，再把盒子用蓝色的纸包起来，还系上了一条漂亮的红色丝带。

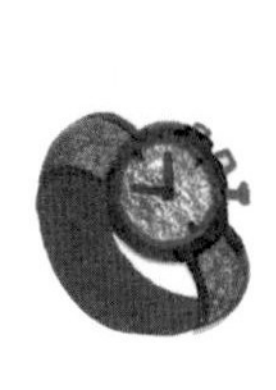
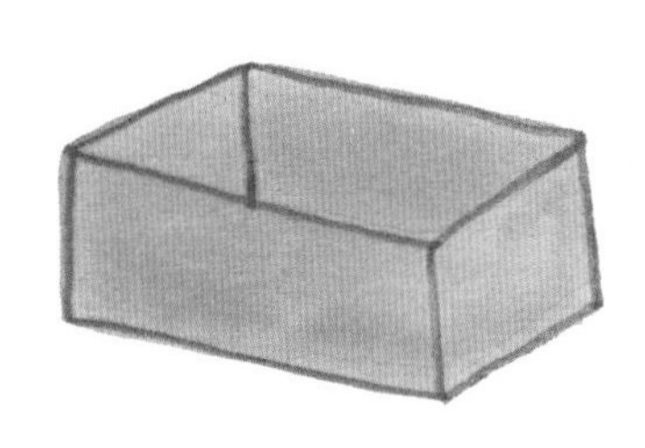

马蒂亚来得有点晚（也不是很晚），我们给他唱了生日快乐歌。

他是跑着来的，出了一身汗，当看到礼物时，他整张脸都红了。老师让他打开礼物。马蒂亚解开丝带，去掉包装纸，打开了盒子。他看到手表的时候特别开心（我过生日的时候，也想要一块这样的手表）。

接着我们回到了座位上，以为要做听写了，老师却说道："你们好好思考一下：为了把手表藏起来，我们先把它放进一个盒子里，再用包装纸和丝带把盒子包了起来。而马蒂亚为了发现手表，做了一系列跟我们完全相反的动作，顺序正好是反过来的：他先解开丝带，再去掉包装纸，最后打开了盒子。"

我们觉得这实在是再正常不过了。如果他想要拿到手表，肯定得这样做！

老师却说，这种发现事物的方式非常有意思，这就是数学家的方法——把顺序反过来，做正好相反的动作，只不过他们做的是数学运算，如加法、减法，等等。

为了看我们是不是也能像数学家那样思考，老师出了一道题："我选一个数字，把它乘以 2 再加上 5，就得到了 11。这个神秘的数字究竟是几呢？"

就像马蒂亚拆礼物一样，我们拿着 11，先用它减去 5，再把得数除以 2，就得到了 3。

这个神秘的数字就是3，因为3×2+5=11。老师告诉我们，用这种方式，我们解开了一道方程。我完全不敢相信，因为方程可是中学才会学到的。

我们太厉害了！

当你要把一个数字乘以15时，这个小窍门很有用。比如，你要计算16×15。

你先分别算：

16×10

16×5

然后把结果加在一起。

因为16×5是16×10的一半，这样就更简单了：

160+80=240

为了再快点

为了能算得快一点，人们发明了乘法。现在，还有另外一种运算，也能让我们算得再快点。就是这样：如果你把同样的数字相乘，比如：

$$10 \times 10 \times 10$$

为了节省空间、时间和墨水，你可以把这个式子写作：

$$10^3$$

读作十的三次方。

10 就是自己要与自己相乘的数字，而 3 就是相乘的次数。

你要先计算 $10 \times 10 = 100$，再计算 $100 \times 10 = 1000$。你会发现结果里有 3 个 0，而 3 正好就是上面的那个小数字。

这个运算有个特别好听的名字，听着就让你觉得它很强大。它叫作乘方。

老师告诉我们："感谢乘方的存在，有了它，连古戈尔这样的数字怪物都变得温顺了起来，只要两个数字就可以把它写出来：10 和 100。就像这样：

$$10^{100}$$

这样一来古戈尔不再可怕了：它是 10 相乘 100 次的结果。"

乘方很强大，只要上面那个小数字变大，它就像一场飓风、一个涡轮发动机，让结果变得无比巨大。

前面讲过的关于纸的神奇故事——一张纸对折 20 次，就能跟摩天大楼一样高——就可以用乘方解释。

我们拿出一张纸，一开始它很薄（我们发现即便十张纸叠在一起，也才有 1 毫米厚）。但每一次对折，它的厚度就加倍，也就是厚度乘以 2。在对折 20 次后，虽然一开始这张纸只有十分之一毫米厚，但是随着厚度变大变大再变大，就变成了十分之一毫米的

2×2×2×2×2×2×2×2×2×2×2×2×2×2×2×2×2×2×2×2 倍

“很好！”老师说，“是时候用到乘方了。我们要计算：

$$2^{20}$$

科学计算器上有一个按键，上面写着 x^y。你们先按 2，然后按这个键，再按 20。”

我们很快就完成了计算，结果是：

1 048 576

它是十分之一毫米的一百多万倍！也就是 104 米！有一座摩天大楼那么高！太不可思议了……

好想试一下呀，可惜没有这么大的纸！

可怜的马尔科，他的计算器上没有那个键，所以他必须把 2

乘 20 遍。每出一次错，他就得从头开始。他花了好长时间才算完，连课间都错过了！

数学计算小窍门

如果要把一个数字乘以 25，我会这么思考。

因为 25 是 100 的四分之一，我会用那个数字先乘以 100，这很简单，然后再把结果除以 4。比如要算 12×25，我会先算：

$12 \times 100 = 1200$

然后再算：

$1200 \div 4 = 300$

这样就简单多了。

一个带叹号的运算

第一部分

有一件事，如果你讲给朋友听，会让他惊讶得合不拢嘴。这件事就是现在我要讲给你听的（我把它分成了两个部分，因为我用了两天时间才弄明白）。

在学校，马尔塔和贝亚特丽切想要互换座位。为什么呢？因为她们会交换所有的东西（包括外套）。马尔科和大卫也互换了座位。看到他们这样，我、马蒂亚和其他同学也想互换座位，教室里乱成一团。

老师让大家回到自己原来的座位上坐好，说："我们没有时间浪费在换座位上。如果人人都要换座位，我们就没时间做别的事了……"

我们哀求说："老师，我们很快就会换好的……"

于是，老师告诉了我们一件特别惊人的事。

"你们知道吗？如果你们要用所有可能的方法去换座位，需要数百亿亿年。"

"数百亿亿年？？？"

"你们不信？如果 22 个学生，每天都换一种不同的排座位方式，需要……"她边说边拿起计算器计算，然后说出了不可思议的话，"要用尽所有的方法，一共需要超过三百亿亿年！"

我们听了简直要昏过去了。

我们让老师好好地解释一下。如果真的是这样，没准可以上新闻。

一开始，她不想解释，因为这有点难，不过后来她改变主意了。

“基本上这里用的还是乘法。你们很棒，我想试着给你们解释一下。但是，你们要向我保证，一定要有点勇气才行。是的，要想弄明白推导的过程，是需要些勇气的。就像是去爬山一样，一开始光想想就觉得很难，因为全都是上坡路……但到了最后，拿出一点魄力，再集中精神，就可以战胜困难，抵达山顶。重要的是，不要气馁。来，我们这就开始前进吧。”

我听到心里传来一个声音：“冲啊，前进吧！”

排座位的事需要一点一点地慢慢解释，就像登山一样。

我们作了一个简单的假设。假设只有 3 个座位和 3 位同学：卢卡、迭戈和基娅拉。

有几种给他们排座位的方法呢？

老师问：“我们来想想第一个座位。要选一个同学坐在那里，一共有几种选择？”

我们异口同声道:“三种!”

“第一个座位的同学选好了,那第二个座位一共有几种选择呢?”

我们又异口同声道:“两种!”(这是肯定的,因为一个同学已经坐下了。)

“那第三个座位呢?”

“一种!”(这太明显了,因为就剩最后一个同学了……)

所有这些推导过程,都可以画一棵树表示出来。这就是为什么数学的树形图那么重要!首先,在选第一个座位时分成了3根树杈;然后,在选第二个座位时各分成了2根树杈;最后,在选第三个座位时各有1根树杈。

这样,所有排座位的方法都有了。

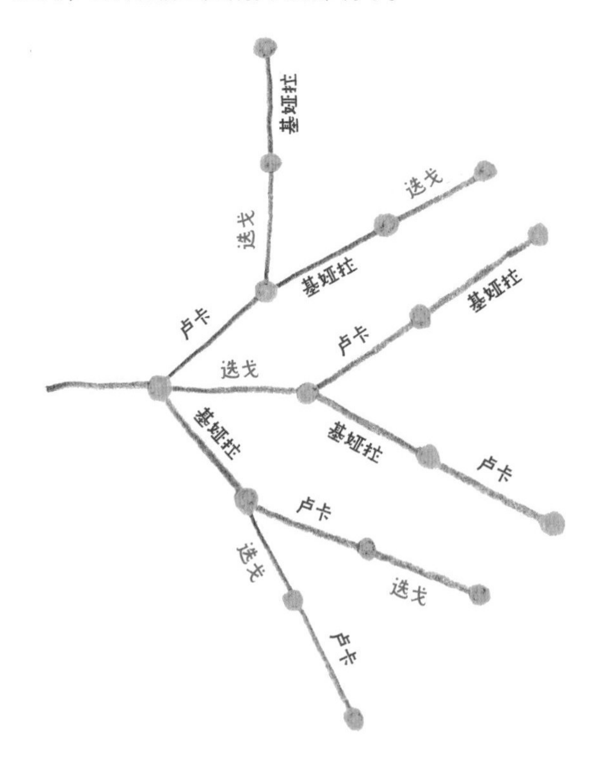

一共是：

3×2×1

也就是6种，跟图中树杈的个数相同。所以，3个同学一共需要6天，才能用完所有可能的排座位方法。然后老师继续说："大家都明白了吧？如果不是3个同学和3个座位，而是4个同学和4个座位呢？那树形图又会是什么样的呢？开始的时候树要分成几个杈？"

我立即就想出了树形图，马上说道："老师，要分成4根树杈。这很简单……最开始的树杈一共有4根，然后是3根，再然后是2根，最后是1根。"回答完我感到非常自豪（虽然因为太激动了，我把铅笔全碰到了地上）。

"非常棒！你们都同意吗？"

"同意！"

为了让我们更明白，她给我们画了4个同学和4个座位的数学树形图，然后又说："保持体力，明天我们还会继续向上爬。"她的意思其实是"继续讲解"。

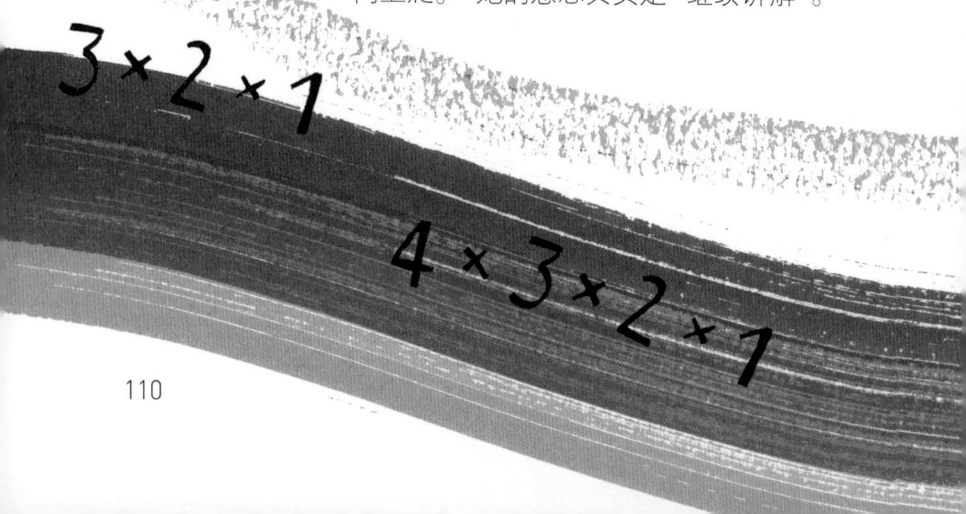

第二部分

第二天，我们继续进行这个最不可思议的讲解。

老师先是走到我们的座位上，检查了我们画的树形图，并改正了那些画得不对的。

这样，每棵树最开始都有 4 根树杈，接着每个树杈再分出 3 根树杈，再之后是 2 根，最后是 1 根。

因此，一共有树杈：

4 × 3 × 2 × 1

就是 24 根。

所以，4 个同学需要 24 天才能把座位全部换完。真的是好多天啊！不过，这和后面我们要说的相比只是小巫见大巫。

老师又问我们："如果是 5 个同学呢？"我们回答得非常好，因为我们立刻就明白了诀窍是什么——我们从 5 开始做乘法。

我们是这么计算的：

5 × 4 × 3 × 2 × 1

也就是 120。

看得出来，老师很为我们感到骄傲。她又问了我们最重要的一个问题：“如果就像现在一样，一共有 22 名同学呢？22 个座位一共有多少种不同的排列方法呢？”

马蒂亚走到黑板前，我们大家异口同声道：

22 × 21 × 20 × 19 × 18 × 17 × 16 × 15 × 14 × 13 × 12 × 11 × 10 × 9 × 8 × 7 × 6 × 5 × 4 × 3 × 2 × 1

说得我们都快要喘不上气了！

接下来，我们要进行计算了。老师说：“最好用电脑里的科学计算器算，它的功能比较强大！因为这个数字会非常巨大！”

把所有的乘法算完，我们得到了一个让人非常震惊的数字：

1 124 000 727 777 607 680 000

连把它念出来都很难！

如果每天换一次座位，用计算器把它除以 365，也就是一年的天数，我们就得到了用完所有可能的排列方法的年数。共需要超过三百亿亿年！

真的是太不可思议了……太惊人了！

当我们冷静下来后，老师说：

“因为这个计算结果是一个特别惊人的数字，会让你感叹‘这根本不可能！’，所以数学家决定用一个叹号简化它。这样，就不需要把从 22 到 1

的那一长串数字都写下来，而只需要写一个 22，再加一个叹号就行：22！[1]。”

在科学计算器上，有一个专门用来计算它的按键，上面写着 $n!$。

我们想把这件事上报给新闻媒体，老师不同意。而我觉得这是一个很重要的消息，因为根本没人想过类似的事情。所以，下次遇到我的幼儿园同学路易吉，我准备把这件事告诉他。

他会有什么样的表情呢？

①22! 读作二十二的阶乘。——编者注

数学计算小窍门

如果要把一个数字乘以 9，你可以先把它乘以 10，然后再减去这个数字本身。

你只是改变了计算方法，最后的结果还是一样的。

比如，要计算 13×9，你可以先这样算：

13×10=130

然后再计算：

130−13=117

幸运的一年

今年我真的很幸运，这一年发生了好多很棒的事。过生日的时候，我收到了一块和马蒂亚那块一样的手表，还收到了一部数码相机，可以用来拍短视频（我已经用它给我家刚刚出生的小猫拍过照片了，非常好用）。

我还成了橄榄球队的正式球员，在对阵小鹰队的比赛中，我的一个达阵得分精彩极了，我还加踢了射门。所有人都给我鼓掌。弟弟也在现场，他甚至想进到球场里来。

好事还远不止这些。爸爸妈妈决定，今年假期我们还会去去年的那个度假村，这样我就又能见到老朋友们了。古列莫肯定也在，他教过我变魔术和跳水（不过打乒乓球时却总是我赢）。

今年最最幸运的事，是我真的没有想到的：老师选我去参加数学奥林匹克竞赛！她居然选了我，去年我学得可不怎么好——是班里的最后一名……

比赛前的晚上我完全睡不着，脑子里全是那些特别难的除

法和换算题。后来，我才刚刚睡着，弟弟却哭了起来，他想去大床上跟爸爸妈妈一起睡。我就又醒了。

早上，我连最喜欢的巧克力碎饼干都吃不下，因为我实在是太紧张了。

到了后来，我看到跟我一起参加比赛的其他小朋友也很紧张，反而慢慢放松了。

贾科莫也来了，他是跟新学校的两个同学一起来的。当他看到我的时候，一脸的不敢相信——他知道过去我的数学学得并不怎么好。

大家被分成几组，我和贾科莫一组，而比安卡在另外一组。我们跟着不认识的老师到了不同的教室里，然后老师给我们每人发了一张试卷。

我的运气简直好得不可思议！只要认真思考，我就能解答所有的问题！

第一道题是：有两个天平（见下图），如果一个正方形的质

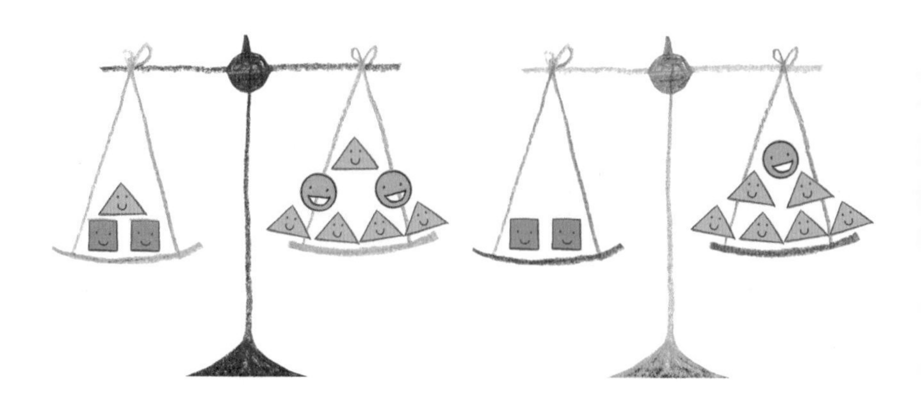

量是 4 千克，那么，一个三角形的质量是多少？

刚开始，我的脑子很乱，不知道该怎么做……突然间，我有了主意：给第一个天平的两边都减去一个三角形。

这样就能知道，一个正方形等于一个圆形加两个三角形。

然后，我从第二个天平的左边盘子里去掉一个正方形，从右边盘子里去掉一个圆形和两个三角形。这下刚好左边盘子里剩下一个正方形，而右边盘子里剩下 4 个三角形。

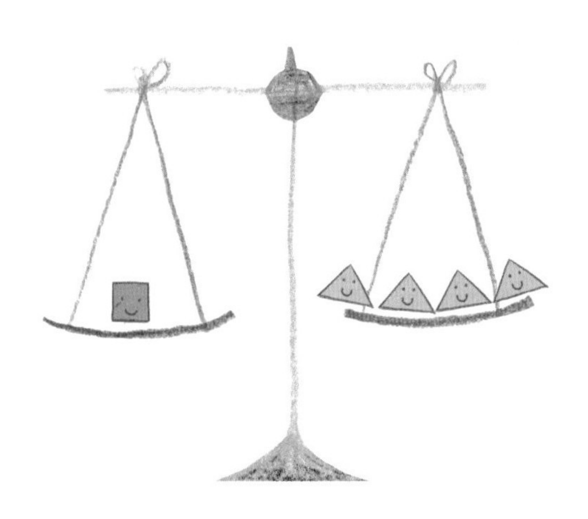

这样我就知道了：一个三角形的质量是1千克。我十分肯定！

这时，我突然不再害怕了，大脑开始像一列火车一样飞速前进。其他的问题我也全都会答。

最后一道问题是：

母猫生了5只小猫，其中4只的尾巴是白色的，1只的尾巴是黑色的。

2只小母猫全身上下都是白色的。

1只小公猫是纯黑色的。

1只小公猫的颜色与1只小母猫的颜色相同，而且再没有其他的小猫与它们颜色相同。

问：一共有多少只小母猫？

答题的时候我很开心，因为我想到了我的小猫（不过它们全是灰色的）。

我是这么思考的：除了1只纯黑色的小公猫和2只纯白色的

小母猫以外，肯定还有另一只小公猫和另一只小母猫有白色的尾巴，但是它们既不是纯黑的也不是纯白的。所以，一共有 2 只小公猫和 3 只小母猫。

我考完一走出考场，就看到爸爸在对我微笑。弟弟正骑在爸爸的肩膀上，他看到了我就马上下到了地上，朝我跑过来。

他非要帮我拿书包，幸亏书包一半是空的。等在那里的其他家长也都微笑地看着他。贾科莫的妈妈也在，她问我："贾科莫怎么还没出来？"

"我也不知道，也许他还在答题吧……"

希望
明年，
我们的

老师

还会

教

我们！

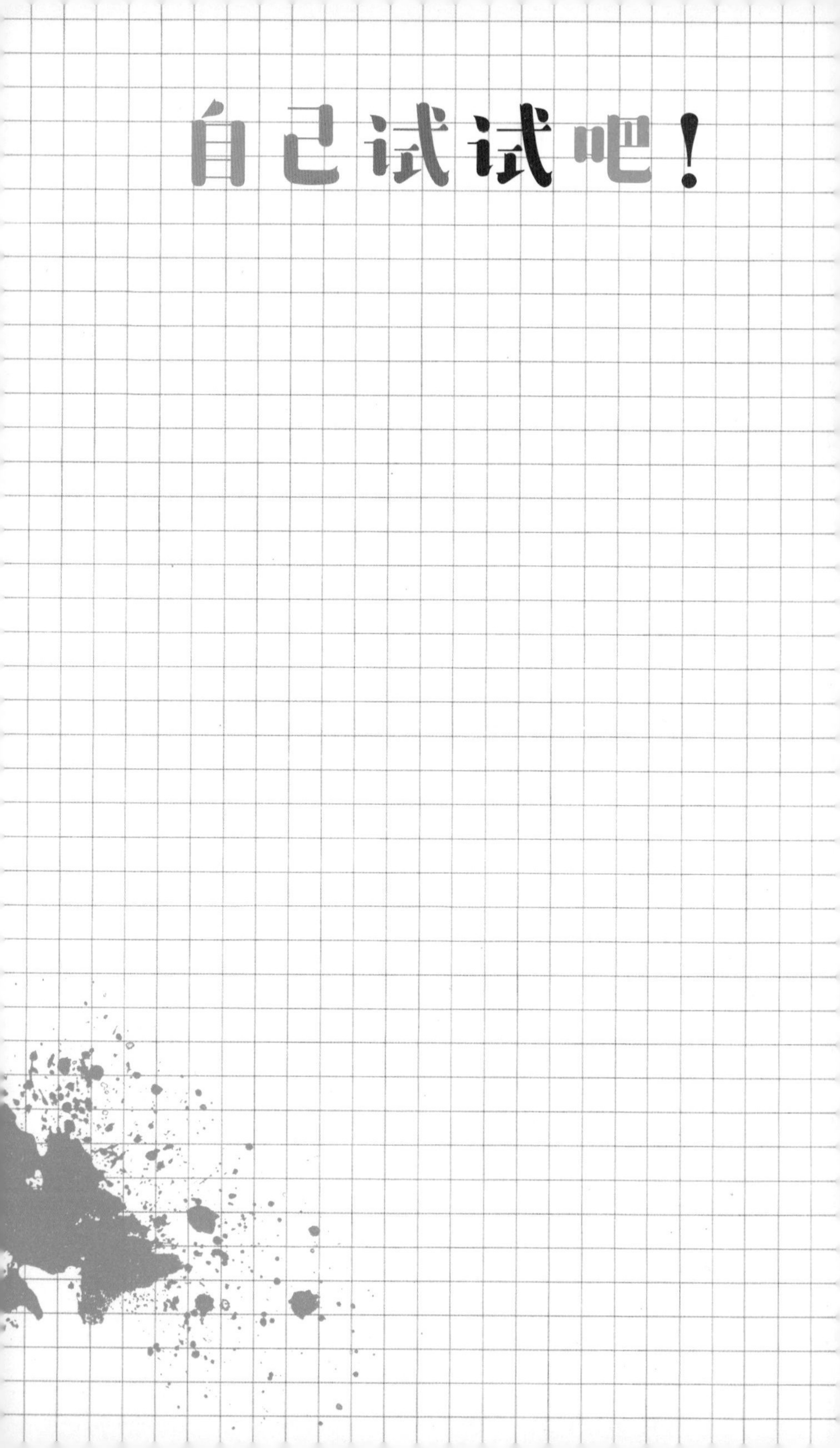

自己试试吧！

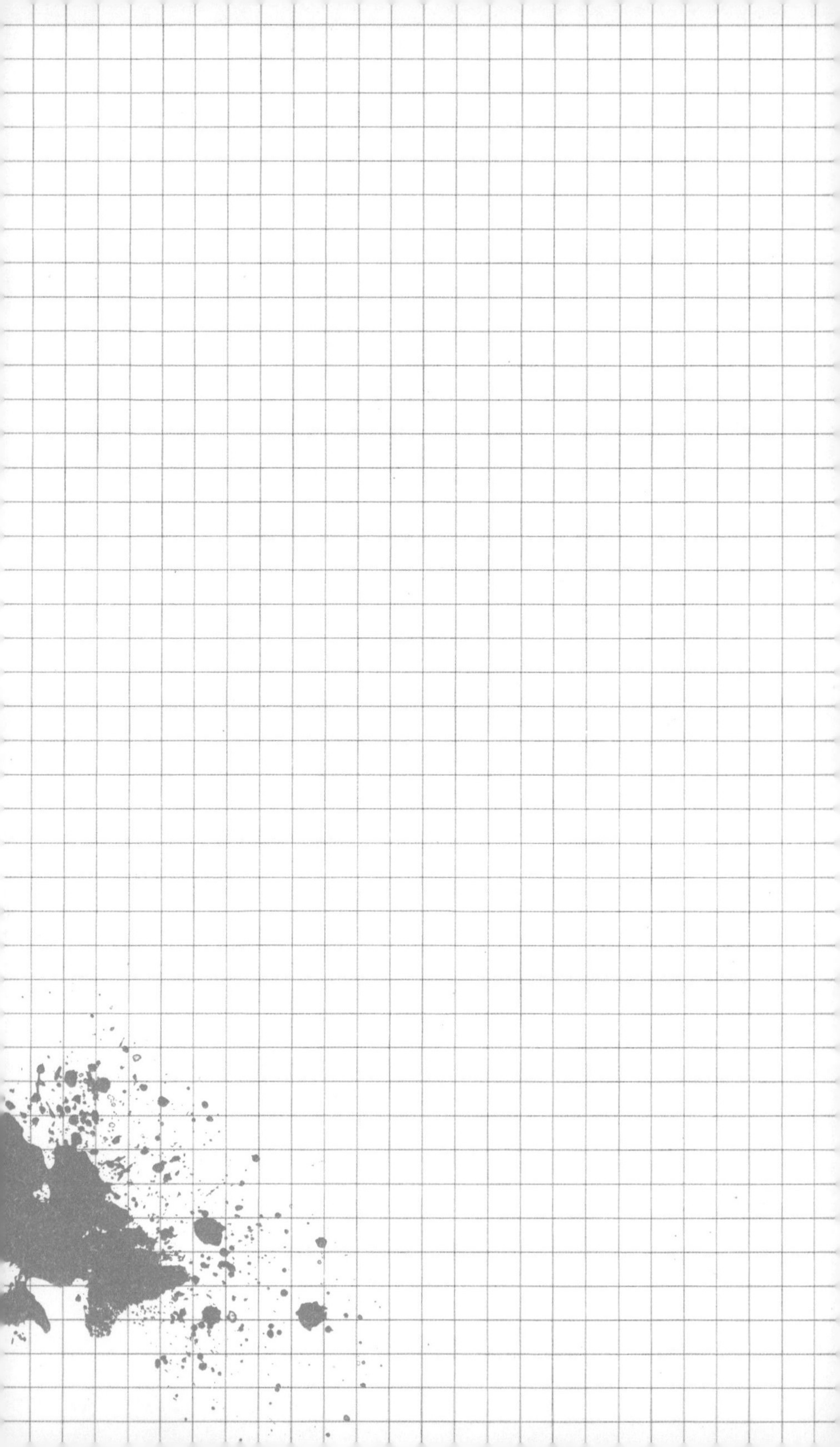